Manuela Hacker, Sigrid Slobodenka, Harald Titzer

Edukation in der Pflege

2., überarbeitete Auflage

Manuela Hacker
Sigrid Slobodenka
Harald Titzer

Edukation in der Pflege

2., überarbeitete Auflage

facultas

Manuela Hacker, BSc
Wissenschaftliche Mitarbeiterin im Bachelorstudiengang Allgemeine Gesundheits- und Krankenpflege an der Fachhochschule Wiener Neustadt. Bachelorstudium in Advanced Nursing Practice mit Schwerpunkt Pflegeentwicklung und Patientenedukation an der IMC Fachhochschule Krems, Masterstudium in Pflegewissenschaft an der Universität Wien.

Sigrid Slobodenka BSc, MSc
Lehrende in der Gesundheits- und Krankenpflege. Bachelorstudium Advanced Nursing Practice an der FH IMC Krems, Masterstudium Pflegepädagogik an der Donau Universität Krems. Mehrere Jahre Berufserfahrung in der Edukation im pflegerischen Setting sowie in der Organisation und Durchführung von Bildungsveranstaltungen in der Gesundheits- und Krankenpflege.

Harald Titzer, BSc, MSc
Stationsleiter Pflege an einer onkologischen Tagesklinik. Bachelorstudium Advanced Nursing Practice mit Schwerpunkt Pflegeentwicklung und Patientenedukation an der FH-IMC Krems, Masterstudium Pflegewissenschaft an der Universität Wien. Mehrere Jahre Erfahrung in der Patientenedukation und weiter in der Implementierung einer Pflegeambulanz Onkologie und Hämatologie. Derzeit nebenberuflich als Psychotherapeut in Ausbildung unter Supervision in eigener Praxis tätig.

Bibliografische Information der Deutschen Nationalbibliothek
Die Deutsche Nationalbibliothek verzeichnet diese Publikation in der Deutschen Nationalbibliografie; detaillierte bibliografische Daten sind im Internet über http://dnb.dnb.de abrufbar.

2. Auflage 2021

facultas Verlag, 1050 Wien, Österreich
Umschlagbild: © Helmuth Nusser
Lektorat: Katharina Schindl, Wien
Satz: Florian Spielauer, Wien
Druck: finidr
Printed in the E. U.
ISBN 978-3-7089-2132-7
e-ISBN 978-3-99111-339-3

Inhaltsverzeichnis

Einleitung

Dieses Buch hat zum Ziel, einen ersten Einblick in das Handlungsfeld der Edukation in der Pflege zu geben. Es soll Studierenden und Personen der professionellen Pflege sowie Interessierten als erste Einführung in das Themengebiet Patient*innen- und Angehörigenedukation dienen. Das Buch stellt eine Grundlage dar, um sich Basiswissen zu erarbeiten. Die gewählten Inhalte und Themen des Handbuchs basieren auf den Erfahrungen der Autor*innen, die sie in ihrer Berufstätigkeit, aber auch in ihrem Studium gesammelt haben.

Edukation von Patient*innen sowie ihren Angehörigen stellt im Rahmen der Gesundheitsförderung, Prävention und Entwicklung von Gesundheitskompetenz ein zentrales Aufgabengebiet der professionellen Pflege dar. Es bedarf umfassender fachlicher, methodischer sowie kommunikativer und sozialer Kompetenzen, um den Anforderungen komplexer Situationen in der Pflegepraxis gerecht zu werden und Menschen, die sich beispielsweise aufgrund von Krankheit in Ausnahmesituationen befinden, unterstützen zu können.

Der Fokus des Buches liegt auf der Edukation von Patient*innen und deren Angehörigen, gegen Ende wird kurz die organisationsbezogene Beratung thematisiert. Die Autor*innen befassen sich mit pädagogischen Aspekten der Edukation, Begriffsdefinitionen, dem Beratungsprozess, Beratungssetting, Methoden zur Gestaltung von Anleitungs- und Schulungssequenzen sowie ausgewählten Beratungsansätzen. Der Schwerpunkt der organisationsbezogenen Beratung liegt in der kollegialen Beratung und der Fallbesprechung zur Unterstützung von Mitarbeiter*innen im Gesundheitswesen. Anhand von Praxisbeispielen werden theoretische Inhalte veranschaulicht.

Zudem wird der Bezug zum österreichischen Gesundheits- und Krankenpflegegesetz hergestellt, indem Bereiche pflegerischer Kernkompetenzen angeführt werden. Dadurch wird der gesetzliche Rahmen für die professionelle Pflege dargelegt.

Dieses Buch behandelt das Thema Edukation in der Pflege unabhängig vom Setting, weshalb die Bezeichnung der betroffenen Personen variiert. Es werden Bezeichnungen wie „Patient*innen", „Klient*innen" oder „zu beratende und ratsuchende Personen" verwendet. Der im Buch überwiegend verwendete Begriff „Pflegeperson" meint Personen der professionellen Pflege, welche ein Diplom und/oder einen akademischen Grad in der allgemeinen Gesundheits- und Krankenpflege, Kinderkrankenpflege und/oder psychiatrischen Pflege erlangt haben bzw. anstreben.

1 Einführung in die Pädagogik

Um an das Thema der Edukation in der Pflege heranzuführen, ist zu Beginn ein Exkurs in die Pädagogik erforderlich. Hier werden wenige, jedoch relevante Begrifflichkeiten aus der wissenschaftlichen Disziplin Pädagogik thematisiert, die für ein erstes Verständnis von Edukation notwendig sind. Die Bedeutung von pädagogischen Grundlagen im Pflegeberuf wird dabei hervorgehoben.

Der komplexe und im Deutschen mehrdeutige Begriff „Pädagogik" ist aus dem griechischen Wort „paideia" entstanden und meint die wissenschaftliche Lehre von der menschlichen Bildung (Böhm, 2005). Fällt der Begriff Pädagogik, ruft er gleichzeitig eine Assoziation mit der Erziehungswissenschaft hervor. Der Ursprung beider Begrifflichkeiten liegt in der **Pädagogie** begründet (Raithel, Dollinger & Hörmann, 2009). Der im Deutschen verwendete Begriff Pädagogik umfasst mehr als die Reflexion über die Theorie der Erziehung. Er beinhaltet darüber hinaus auch erzieherisches Handeln, Wertvorstellungen, Ziele, handelnde Personen sowie Rahmenbedingungen einer Institution (Böhm, 2005).

Die Disziplin Pädagogik beschäftigt sich mit den Bereichen der Sozialisation und der Erziehung sowie mit der Entwicklung und dem Lernen. Zudem haben sich in der Pädagogik Teildisziplinen entwickelt. Zu diesen zählen – um nur wenige zu nennen – die Didaktik, die Schulpädagogik, die Sozialpädagogik, die Berufspädagogik und die Erwachsenenbildung (Kron, 2009; Gudjons, 2006). Die Gesundheitspädagogik stellt ebenfalls eine Teildisziplin bzw. Fachrichtung der Pädagogik dar und beinhaltet Begrifflichkeiten wie Gesundheitserziehung, Gesundheitsinformation und Gesundheitsbildung (Raithel, Dollinger & Hörmann, 2009). An dieser Stelle wird auf die Begrifflichkeiten Erziehung und Bildung eingegangen.

Erziehung ist die bewusste oder geplante Beeinflussung einer Person (Kron, 2009). Unter dem transitiven Verb „erziehen" versteht man einen Vorgang, der ein bestehendes Verhältnis zwischen Menschen voraussetzt. Ein Mensch wird von jemandem erzogen. Ein Subjekt (die erziehende Person) und das Objekt (die zu erziehende Person) stehen in einem Verhältnis zueinander. Erziehung wird demnach von außen veranlasst und ist somit kein Prozess, der von der zu erziehenden Person selbst ausgeht. Zudem erfolgt Erziehung überwiegend auf einer affektiven Ebene. Es werden oft gezielt Emotionen erzeugt und als Erziehungsmittel eingesetzt (Hörner, Drinck & Jobst, 2008).

Angenommen, Gesundheitsexpert*innen geben Patient*innen oder deren Angehörigen vor, was sie in einer bestimmten Situation zu tun haben, z. B. die Durchführung einer Händedesinfektion im Rahmen eines Krankenhausbesuches vor Betreten des Zimmers. In diesem Fall steht hinter den formulierten Maßnahmen eine erzieherische Absicht. Neben der korrekten und hygienischen Vorgehensweise zur Verhinderung von Kreuzinfektionen ist das Ziel der Schutz der Patient*innen, aber auch der Angehörigen vor einer möglichen Übertragung von Keimen. Dabei steht das Eingehen auf die Bedürfnisse der Betroffenen nicht im Vordergrund. Ein weiteres Beispiel für eine erzieherische Absicht ist, wenn Patient*innen vorgegeben wird, was im Rahmen einer Behandlung zu beachten ist, wie etwa bei der Medikamenteneinnahme oder im Umgang mit einem Dosieraerosol (Harking, 2005). Erziehung ist eine psychosoziale Intervention, die im Unterricht oder zur Förderung im Allgemeinen ebenso wie in der Beratung zum Einsatz kommen kann und der persönlichen und sozialen Entwicklung zur Handlungsfähigkeit dient (Raithel, Dollinger & Hörmann, 2009).

Benner (2005) beschreibt, dass der Mensch in seiner Entwicklung durch Erziehung geprägt wird. Das kann gewissermaßen auf den Anbeginn der Zeit bzw. der menschlichen Existenz zurückgeführt werden. Erklärt wird es anhand der Prinzipien pädagogischen Denkens und Handelns, zu denen auch die Bildsamkeit sowie die Aufforderung zur Selbsttätigkeit zählen.

Im Vergleich zur Erziehung, die zumeist die emotionale Ebene anspricht, bezieht sich **Bildung** auf die kognitive Ebene. Als Ziel von Bildung gilt die Formung der Persönlichkeit durch die Auseinandersetzung mit Bildungsinhalten. Dies erfolgt durch die Person, die sich selbst bildet. Die Bildung der inneren Form eines Menschen kann als Outcome verstanden werden (Hörner, Drinck & Jobst, 2008). Dem Bildungsprozess vorausgehend besteht der grundlegende Wunsch der lernenden Person, sich zu bilden. Die lernende Person nimmt ein Defizit in ihrem Wissen oder Können wahr, dem sie aktiv entgegenwirken möchte. Die Bildungsziele werden demzufolge von der lernenden Person selbst bestimmt. Der Erziehungswissenschaftler Wolfgang Klafki beschreibt den Begriff Bildung als einen selbstständig erarbeiteten und personal verantworteten Zusammenhang zwischen den Grundfähigkeiten der Selbstbestimmungs-, Mitbestimmungs- und Solidaritätsfähigkeit (Darmann-Finck, 2011). Die Intention eines Menschen, sich zu bilden, ist der Beginn eines Prozesses, der schließlich zur Weiterentwicklung der Person führt, was in den Begriff des Lernens mündet.

Lernen ist ein Prozess, bei dem Informationen aus der Umwelt aufgenommen, gespeichert und zu einem späteren Zeitpunkt wiederverwendet werden. Durch das Speichern und Wiederabrufen von Informationen kann das Handeln der lernenden Person beeinflusst werden. Es entwickelt sich neben dem Informationszuwachs auch zunehmend Erfahrung. Lernen ist somit ein Erkenntnisprozess, der zur Vermehrung von Wissen führt (Blättner, 2005).

Wissen setzt sich aus Informationen und Erfahrungen zusammen und ist aus dem Gedächtnis abrufbar. Es ermöglicht einer Person, ihre Umwelt zu verstehen und in bestimmten Situationen entsprechend zu handeln. Dabei bildet das angeeignete Wissen die Grundlage für weitere Lern- und Denkprozesse (Schrader, 2010).

Allerdings soll hier in Form eines kurzen Exkurses angeführt werden, dass es bei der Definition von Wissen verschiedene Aspekte gibt. So kann zwischen explizitem und implizitem Wissen unterschieden werden. Die Handlungsfähigkeit einer Person wird durch das Vorhandensein dieser beiden Formen von Wissen geprägt. Das vermittelte und subjektiv erlernte Wissen im Rahmen von Bildungsveranstaltungen fällt unter den Begriff des expliziten Wissens. Implizites Wissen wird durch Erfahrungen erworben, ohne dass es zu bewusstem Lernen kommt (Schneider, 2005).

Lernen selbst kann nicht beobachtet werden, sondern ist vielmehr ein Erklärungsprinzip. Die beobachtende Person kann lediglich beobachten, ob etwas gelernt wurde, indem sie einen Unterschied im Verhalten bzw. im Handeln feststellt. Der Unterschied wird im Nachhinein mit Bezug auf zwei verschiedene Zeitpunkte begründet (Blättner, 2005). Beispielsweise wird sich das Handeln einer Person zu Beginn ihrer Pflegeausbildung und nach Beendigung derselben unterscheiden. Somit ergeben sich zwei Messzeitpunkte, der Zeitpunkt vor und jener nach der Ausbildung. In dieser Zeitspanne findet stufenweise eine Weiterentwicklung statt. Der Wissensstand zum Thema Pflege vor und nach der Ausbildung kann sehr gut beobachtet werden. Benner (2005) beschreibt diesen Entwicklungsprozess bei Pflegepersonen anhand ihres Stufenmodells des Kompetenzerwerbs in der Pflege. Dabei handelt es sich um fünf Leistungsstufen, die durchlaufen werden, wenn Lernende Kompetenzen im pflegerischen Urteilen und Handeln entwickeln. Die einzelnen Stufen, durch die sich eine lernende Pflegeperson hindurch entwickelt, sind: Anfänger*in, fortgeschrittene/r Anfänger*in, kompetente/r Pflegende/r, erfahrene/r Pflegeende/r und Pflegeexpert*in. Das bedeutet, die Entwicklung der Kompetenz erfolgt von einem Zustand, in dem noch keine Erfahrungen zu einem Thema bestehen, hin zu einem Zustand, in dem umfassendes Wissen vorhanden ist.

Im Kontext der Edukation von Patient*innen sowie ihrer Angehörigen verhält es sich ähnlich wie in dem genannten Beispiel in der Pflegeausbildung. Menschen, die das erste Mal mit ihrer Diagnose konfrontiert werden, fehlt oftmals das notwendige Wissen über die Erkrankung. Das bedeutet, dass sich Betroffene zu Beginn erst einmal mit dem Krankheitsbild und weiters mit den damit verbundenen Veränderungen auseinandersetzen müssen, um schließlich das Leben mit ihrer Erkrankung neu zu gestalten. Dafür wird einerseits Wissen über die Krankheit und andererseits Erfahrung, die sich mit der Zeit ebenfalls einstellt, benötigt. Demzufolge entwickeln sich die betroffenen Personen und werden Expert*innen im Leben mit ihrer Erkrankung. Diese Sichtweise findet sich auch als Grundhaltung von beratenden Personen wieder, konkret im humanistischen Menschenbild. Personen mit humanistischer Grundhaltung gehen davon aus, dass Menschen aktive Gestalter ihrer Existenz sind, über verschiedene Ressourcen und Kompetenzen verfügen und ihr Leben selbst gestalten können (Bamberger, 2010).

Didaktik wird als Wissenschaft vom Lehren und Lernen definiert. Für Lehrende in der Pflege stehen wissenschaftlich begründete Handlungs- und Reflexionstheorien zur Verfügung, sogenannte pflegedidaktische Modelle. Diese Modelle beschreiben, wie Unterricht idealerweise sein soll (Darmann-Finck, 2011). Auch in der Patient*innen- und Angehörigenedukation werden didaktische Überlegungen bei der Gestaltung von Beratungssequenzen angestellt. Zum Beispiel: Wie können notwendiges Wissen und optimales Handling bei der Versorgung von Kolostomien vermittelt werden?

Im Bereich der Pädagogik finden im Kontext von Gesundheit Begrifflichkeiten wie Gesundheitsaufklärung und -information, Gesundheitserziehung sowie Gesundheitsbildung Verwendung. Unter Gesundheitsaufklärung und -information wird das Bereitstellen gesundheitsrelevanten Wissens verstanden. Im Rahmen der Gesundheitserziehung wird gesundheitsrelevantes Wissen vermittelt, das zu Verhaltensänderung motivieren soll. Dies erfolgt schließlich in darauf ausgerichteten Programmen, um das Gelernte zu trainieren und zu verinnerlichen. Gesundheitsbildung hat zum Ziel, Kenntnisse und Fertigkeiten zu entwickeln, um gesundheitliches Wohlbefinden selbstbestimmt zu erlangen (Raithel, Dollinger & Hörmann, 2009).

Pflegepädagogik im Speziellen versteht unter dem Begriff Didaktik die konkrete Vermittlung von Pflegewissen und befasst sich mit pflegepädagogischen Aspekten wie beispielsweise der Beratung, Gesundheitsförderung oder Anleitung (Wied & Warmbrunn, 2012).

Beratung stellt eine Grundform pädagogischen Handelns dar. Unabhängig davon, in welchen Situationen oder Settings Beratung stattfindet, ob zwischen Tür und Angel oder als geplante und prozessorientierte Aktion, finden sich zentrale pädagogische Elemente wieder (Engel, 2007a). Fran London (2010) beschreibt Beratung als einen Wesenszug der Pflege, da Pflegepersonen im Rahmen des Betreuungsprozesses sehr häufig bereits während der Verrichtung einzelner Pflegetätigkeiten entsprechendes Wissen vermitteln und somit eine beratende Funktion einnehmen.

Zentrale Merkmale der Beratung und des darin verankerten pädagogischen Handelns liegen im wissenschaftlichen und ethisch-moralischen Wissen begründet. Beratung ist dabei immer situations- und kontextabhängig und findet zwischen verschiedenen Personen und deren Lebenskontexten statt (Engel, 2007b).

Das Ziel einer pädagogisch gestalteten Intervention ist, dass die betroffenen Personen ihre veränderte Lebenssituation so gut wie möglich unabhängig von Gesundheitsexpert*innen gestalten können (Harking, 2005). In der Edukation werden Situationen so gestaltet, dass gemeinsam Ziele erarbeitet und formuliert werden, die es dann zu erreichen gilt. Dabei ist einerseits entscheidend, dass auf die Bedürfnisse der betreffenden Person eingegangen wird, und andererseits, dass wertvolle Informationen, die zur Bewältigung einer bestimmten Situation erforderlich sind, in das Gespräch einfließen – unter der Voraussetzung, dass die ratsuchende Person entscheidet, was sie lernen und umsetzen möchte. Die entsprechenden Lernbedürfnisse, die dann als Zielformulierungen festgelegt werden, geben schließlich Auskunft darüber, welche Verantwortung sich jeweils für die ratsuchende und die beratende Person ergibt. Dadurch entsteht eine geteilte Verantwortung in Bezug auf die Zielerreichung (London, 2010).

Um im Beruf kompetent handeln zu können, bedarf es verschiedener Kompetenzen. Der Begriff Kompetenz wird als „Lernerfolg in Bezug auf den einzelnen Lernenden und seine Befähigung zu eigenverantwortlichem Handeln in beruflichen, gesellschaftlichen und privaten Situationen" (Schewior-Popp, 2014, S. 4) definiert. Die Entwicklung individueller **Handlungskompetenz** ist abhängig vom Erwerb expliziten und impliziten Wissens und wird von der Handlungsbereitschaft, die als Fähigkeit vorhanden ist und durch den Willen und das Selbstvertrauen der betreffenden Person bestimmt wird, beeinflusst (Schneider, 2005).

Grundvoraussetzungen für die Entwicklung von Handlungskompetenz sind kognitive, affektive und psychomotorische Fähigkeiten (Mamerow, 2016):

- **kognitive** (intellektuelle) Fähigkeiten: systematisches Denken, verantwortliches Handeln, Allgemeinbildung, kritisches Denken, Urteilsvermögen, Verständnis, Anwendung von Fachwissen;
- **affektive** (zwischenmenschliche) Fähigkeiten: Kontakt- und Beziehungsfähigkeit, Empathie, Akzeptanz, Fürsorgefähigkeit, emotionale Kompetenz, Kreativität, Anpassungsfähigkeit, Kritikfähigkeit, Kooperationsfähigkeit, Beobachtungsfähigkeit, Beratungsfähigkeit;
- **psychomotorische** (technische) Fertigkeiten: Geschicklichkeit, Fähigkeit, Techniken und Verfahrensweisen zu nutzen, Umgang mit Geräten und Instrumenten sowie Hilfsmitteln.

Die unterschiedlichen Fähigkeiten und Fertigkeiten können verschiedenen Kompetenzbereichen zugeordnet werden. Zu den einzelnen Kompetenzbereichen gehören Fach-, Methoden-, Sozial- und Personalkompetenz. Für die Entwicklung von Handlungskompetenz bedarf es der Fähigkeiten und Fertigkeiten aus den genannten Kompetenzbereichen.

Fachkompetenz entwickelt sich durch den Erwerb pflegerischen Fachwissens, das auf den Erkenntnissen und dem aktuellen Stand der Pflegewissenschaft beruht. Dies bezieht sich beispielsweise auf die Kenntnisse bestimmter Leitlinien zu Themen wie Schmerzmanagement, Sturzprophylaxe oder Entlassungsmanagement, aber auch auf Fachwissen über Wahrnehmungsprozesse oder Kommunikationsregeln (Büker, 2015). Das erworbene Fachwissen führt zu selbstorganisiertem Handeln, weil durch die fachlichen Kenntnisse und Fertigkeiten an fachbezogenen Problemen gearbeitet werden kann (Schneider, 2005).

Methodenkompetenz umfasst alle Fähigkeiten und Fertigkeiten, die dazu beitragen, Lern- und Arbeitsmethoden in bestimmten Situationen korrekt anzuwenden – z. B. die situationsgerechte Anwendung eines bestimmten Beratungsmodells, die Integration von Informations- und Anschauungsmaterial in den Beratungsprozess (Büker, 2015) oder die systematische Anwendung des Pflegeprozesses für die Erarbeitung eines individuell gestalteten Pflegeplans.

Sozialkompetenz zählt zu den Soft Skills; darunter versteht man Fähigkeiten, die für sämtliche Kommunikations- und Interaktionsprozesse benötigt werden. Dazu gehört beispielsweise die Fähigkeit, Patient*innen sowie deren Familienmitglieder in ihrem biografischen und lebensweltlichen Kontext wahrzunehmen und die systemischen Zusammenhänge zu erfassen sowie die gruppendynamischen Prozesse in Beratungsprozesse miteinzubeziehen (Büker, 2015).

Personale Kompetenz wird von Wertehaltungen, dem Selbstbild und den individuellen Motiven geprägt (Schneider, 2005), zählt ebenfalls zu den erwähnten Soft Skills und bezieht sich auf die Fähigkeit der Selbstwahrnehmung, auf die Selbstsicherheit und/oder die Reflexionsfähigkeit (Büker, 2015).

Übung zur personalen Kompetenz

Machen Sie sich zu folgenden Fragen Gedanken und notieren Sie diese: Wie nehme ich mich selbst und wie nimmt mich mein Umfeld als Pflegeperson wahr? Wie gehe ich mit meinen Emotionen im beruflichen Alltag um? Inwieweit reflektiere ich mein Handeln nach einer abgeschlossenen Pflegetätigkeit?

2 Aufgabenbereiche der Pflege im Kontext der Edukation (pflegerische Kernkompetenzen)

Pflegerische Kernkompetenzen sind in Österreich im § 14 des Gesundheits- und Krankenpflegegesetzes (GuKG) (BGBl. I Nr. 54/2017 idgF) geregelt. Das GuKG bietet den rechtlichen Rahmen für den gehobenen Dienst der Gesundheits- und Krankenpflege. Hier sind u. a. Berufspflichten sowie sämtliche Kompetenzbereiche im Zusammenhang mit dem Berufsbild abgebildet. Für die Edukation in der Pflege soll nun auf einen Teilbereich daraus eingegangen werden. Neben der Beratung zur Gesundheits- und Krankenpflege sowie der Durchführung von Schulungen sind insbesondere die Förderung der Gesundheitskompetenz, die Gesundheitsförderung und die Prävention als pflegerische Kernkompetenzen angeführt. Die genannten pflegerischen Kernkompetenzen weisen auf mehrere Aufgabenfelder der Pflege hin. Um ein Verständnis davon zu vermitteln, welche Zuständigkeit die Pflege hat, wird im Folgenden auf die Teilbereiche

- Gesundheitskompetenz,
- Gesundheitsförderung und
- Prävention

eingegangen und eine Verbindung zum Aufgabenfeld Edukation in der Pflege hergestellt. Da es sich bei den Begrifflichkeiten um komplexe Aufgabenfelder handelt, liegt das Ziel vor allem darin, diese Begrifflichkeiten bzw. Schlagworte verstehbar zu machen.

2.1 Gesundheitskompetenz

Der Begriff Gesundheitskompetenz wurde aus dem Englischen *health literacy* übersetzt (Thilo, Sommerhalder & Hahn, 2012) und stellt ein multidimensionales Konzept dar, welches in den 1970er-Jahren im angloamerikanischen Raum eingeführt wurde, als Gesundheitserziehung (*health education*) zunehmend an Bedeutung gewann. Die Wurzeln des Konzepts Gesundheitskompetenz liegen demnach im Bildungswesen (Nutbeam, 2000).

Gesundheitskompetenz verfolgt das Ziel, Menschen in der Bevölkerung dahingehend zu befähigen, sich im Gesundheitswesen zurechtzufinden und Maßnahmen zur Krankheitsprävention sowie Gesundheitsförderung zu ergreifen und umzusetzen. Dafür ist eine Vielzahl von Fähigkeiten erforderlich, welche von jedem Individuum, einer Gruppe und/oder einer Gesellschaft benötigt werden, um den hohen Anforderungen des komplexen Gesundheitssystems unserer modernen Gesellschaft gerecht zu werden (Sørensen et al., 2012). Grundfertigkeiten, die für die Entwicklung von Gesundheitskompetenz benötigt werden, beziehen sich auf individuelle und soziale Fertigkeiten. Allgemein zählen dazu die Fähigkeiten zu lesen, zu schreiben und zu rechnen. Um sinnerfassend lesen zu können, ist ein entsprechendes Sprachverständnis erforderlich. Darüber hinaus werden Fertigkeiten benötigt, die es einem ermöglichen, Zugang zu Gesundheitsinformationen zu bekommen. Dies setzt bspw. Recherchefähigkeiten, aber auch Kommunikationsfähigkeiten im Umgang mit Personen aus dem Gesundheitswesen voraus. Danach müssen die erhaltenen Informationen richtig verstanden und beurteilt werden, damit schließlich die relevanten Gesundheitsinformationen für die eigene Gesundheit eingesetzt und genutzt werden können (BMG, 2012; Thilo et al., 2012). Für die Entwicklung von Gesundheitskompetenz sind konkret vier Kompetenzbereiche wichtig: *access*, *understand*, *appraise* und *apply* (Sørenson et al., 2012):

- „Access" beschreibt die Fähigkeit nach gesundheitsrelevanten Informationen zu suchen und relevante Informationen zu finden.

- „Understand“ bezieht sich auf die Fähigkeit, die Informationen inhaltlich zu verstehen.
- „Appraise“ meint die Fähigkeit, die recherchierten Informationen kritisch zu betrachten, d. h. beurteilen und somit bewerten zu können.
- „Apply“ ist die Fähigkeit, die Informationen anzuwenden, um gesundheitsrelevante Entscheidungen treffen zu können und dadurch den Erhalt der Gesundheit sicherzustellen.

Beeinflusst wird die Entwicklung von Gesundheitskompetenz von individuellen Verhaltensweisen, sozioökonomischen und/oder umweltbedingten Faktoren (Nutbeam, 2000).

Thilo et al. (2012) haben die nachfolgend angeführte Definition von Gesundheitskompetenz für den Pflegebereich entwickelt:

> *„Gesundheitskompetenz ermöglicht der/dem Patienten(in)/Angehörigen, gesundheitsrelevante Informationen zu erschließen, zu verstehen, zu nutzen, sich im Gesundheitssystem zurechtzufinden, Fragen im Kontext von Gesundheit und Krankheit zu stellen und eigene Bedürfnisse zu formulieren. Um gesundheitskompetent zu sein, benötigt die/der Patienten(in)/Angehörige die Fähigkeiten des Lesens, Schreibens und Rechnens. Gesundheitskompetenz trägt dazu bei, informierte Entscheidungen zu treffen und dadurch eine aktive Rolle für die Gesundheit zu übernehmen, um diese aufrechtzuerhalten, zu fördern oder wiederherzustellen.“ (Thilo, Sommerhalder & Hahn, 2012, S. 434)*

Die Definition veranschaulicht die Komplexität, die hinter dem Begriff Gesundheitskompetenz steht, und zeigt, welche Fähigkeiten und Fertigkeiten Patient*innen und ihre Angehörigen benötigen, um sich selbst gesund zu erhalten und folglich die gesundheitsbezogene Lebensqualität zu verbessern. Die daraus resultierende Aufgabe der professionellen Pflege ist die Unterstützung von Patient*innen und deren Angehörigen bei der Entwicklung von Gesundheitskompetenz, um ausreichend Informationen bzw. Wissen zu erwerben, um gesundheitsbezogene Entscheidungen treffen und eine aktive Rolle für die Aufrechterhaltung ihrer Gesundheit übernehmen zu können.

Gesundheitskompetenz ist also ein bestimmender Faktor (Determinante) für die Entwicklung des Gesundheitszustandes. Das bedeutet, dass Gesundheitskompetenz maßgeblich dazu beiträgt, dass eine Person und/oder eine Bevölkerungsgruppe Verantwortung für die eigene Gesundheit übernimmt. Gleichzeitig ist Gesundheitskompetenz als Outcome für gesetzte Maßnahmen in den drei Gesundheitsbereichen Gesundheitsversorgung (*health care*), Gesundheitsförderung (*health promotion*) und Krankheitsprävention (*prevention*) zu verstehen. Zu den Maßnahmen zur Entwicklung von Gesundheitskompetenz zählen unter anderem die Gesundheitsaufklärung im Sinne der Patient*innenedukation sowie das Bereitstellen von gedruckten und/oder digitalisierten Gesundheitsinformationen (Mancuso, 2008; Nutbeam, 2000; Sørensen et al., 2012).

Die Entwicklung von Gesundheitskompetenz ist ein Prozess, welcher sich im Laufe eines Lebens stetig verändert (Sørenson et al., 2012) und Menschen dazu befähigt, gesundheitsrelevante Entscheidungen zu treffen, sich im Gesundheitssystem zurechtzufinden und ihre Gesundheit zu fördern und zu erhalten. Das bedeutet, dass Menschen über die bereits genannten Fähigkeiten hinaus auch die Fähigkeit zur Reflexion über das eigene Handeln benötigen. Das Bewusstsein über das eigene Gesundheitsverhalten und die Reflexion darüber werden von den individuellen Fähigkeiten geleitet. Es ist nicht nur die Reflexion, sondern auch der Austausch über bestehendes Gesundheitswissen, der zu vermehrter Selbstbestimmung und gesundheitsförderndem Verhalten befähigt (Thilo, Sommerhalder & Hahn, 2012).

Demzufolge kann Gesundheitskompetenz als geteilte Aufgabe verstanden werden. Soziale und individuelle Faktoren interagieren mit individuellen Fähigkeiten und den Forderungen des Gesundheitssystems. Alle Beteiligten, die in Sachen Gesundheit an der Kommunikation beteiligt und in die Entscheidungen involviert sind (Patient*innen, Gesundheitsanbieter*innen und Laien), sind für die Entwicklung der erforderlichen Gesundheitskompetenz eines Individuums oder einer Gesellschaft entscheidend (Sørensen et al., 2012).

Um den Kontext zur Edukation in der professionellen Pflege herzustellen, wird ein Auszug aus dem Berufsbild des österreichischen Gesundheits- und Krankenpflegegesetzes angeführt, in dem explizit auf die Förderung von Gesundheitskompetenz eingegangen wird:

> *„Der gehobene Dienst für Gesundheits- und Krankenpflege entwickelt, organisiert und implementiert pflegerische Strategien, Konzepte und Programme zur Stärkung der Gesundheitskompetenz, insbesondere bei chronischen Erkrankungen, im Rahmen der Familiengesundheitspflege, der Schulgesundheitspflege sowie der gemeinde- und bevölkerungsorientierten Pflege." (BGBl. I Nr. 54/2017 GuKG § 12 [5])*

Wie dem Gesetzestext entnommen werden kann, ist als wesentliche Aufgabe der Pflege die Stärkung von Gesundheitskompetenz im Berufsbild verankert. Nicht nur die Stärkung allein, auch die Entwicklung und Organisation von pflegerischen Konzepten zur Stärkung der Gesundheitskompetenz ist Teil der pflegerischen Kernkompetenzen der Gesundheits- und Krankenpflege in Österreich.

Pflegepersonen leisten einen Beitrag im Bereich der Gesundheitsförderung und Krankheitsprävention, wenn sie Menschen bei der Entwicklung von Gesundheitskompetenz fördern. Dabei kann als zentrale Aufgabe beispielsweise die Unterstützung von Menschen mit chronischen

Erkrankungen sowie ihres sozialen Umfeldes genannt werden. Durch Programme, die zur krankheitsspezifischen Förderung des Selbstmanagements konzipiert wurden, können die Betroffenen dahingehend unterstützt werden, ihr Leben eigenverantwortlich zu bewältigen und ungünstige Krankheitsverläufe zu verhindern. Dabei werden sie bestärkt, aktiv die eigene Gesundheit zu gestalten (BMG, 2012).

Im Allgemeinen werden Fachpersonen der Gesundheitsförderung und Gesundheitsberufe dazu angehalten, durch bestimmte Maßnahmen wie z.B. Bereitstellung von materiellen Hilfen, Unterstützung bei der Reflexion von Problemen und Bedürfnissen sowie bei Entscheidungen und Lösungsfindung (BMG, 2012) eine unterstützende und begleitende Funktion einzunehmen. Pflegepersonen nehmen im Rahmen der Patient*innen- und Angehörigenedukation eine zentrale Rolle ein, da sie durch die Erfassung und Förderung der Gesundheitskompetenz gezielt Einfluss auf die Entwicklung derselben nehmen, indem sie gesundheitsrelevante Informationen verständlich aufbereiten. Hinzu kommt die wesentliche Aufgabe der professionellen Pflege, Patient*innen sowie ihre Angehörigen dabei zu unterstützen gesundheitsrelevante Fragen zu stellen, damit sie ausreichend Wissen generieren können, um informierte Entscheidungen im Kontext von Gesundheit und Krankheit treffen zu können (Thilo, Sommerhalder & Hahn, 2012). Wichtig dafür ist vor allem auch die Auseinandersetzung damit, wie zentrale Informationen in schriftlicher und/oder mündlicher Form gut aufbereitet werden können. Dafür ist eine Fülle von Überlegungen notwendig, wie beispielsweise, ob die Informationen gut lesbar, verständlich, in mehreren Sprachen vorhanden und unter Verwendung klarer Piktogramme aufbereitet sind (BMG, 2012). Im Kap. 3.2 (Tabelle 2) befindet sich dazu eine Checkliste, welche konkrete Kriterien für die Erstellung von Patient*inneninformationen dargelegt.

Gesundheitskompetenz kann anhand unterschiedlicher Outcomes, wie etwa den Gesundheitsausgaben, dem Gesundheitsverhalten und/oder der Nutzung gesundheitsbezogener Dienstleistungen, beobachtet werden (Sørensen et al., 2012). Hohe Gesundheitskosten, ein Wissensdefizit hinsichtlich Erkrankungsbildern und Behandlungen, eingeschränkte Selbstmanagementfähigkeiten, vermehrte Medikationsfehler bzw. medikamentös bedingte Behandlungsfehler und/oder eingeschränkte Fähigkeiten, sich im Gesundheitssystem zurechtzufinden, sind Auswirkungen mangelnder Gesundheitskompetenz (Mancuso, 2008).

Im Jahr 2011 wurde von der Gesundheitspolitik in Europa eine Erhebung der Gesundheitskompetenz der Bevölkerung durchgeführt, welche sich mit Fragen zu den vier Kompetenzbereichen und den drei Gesundheitsbereichen befasste (Sørensen et al., 2013, 2015). Die Ergebnisse zeigten, dass die Gesundheitskompetenz der untersuchten europäischen Bevölkerung im Durchschnitt bei 47,6 % liegt. Das bedeutet, dass jede zweite Person eine unzureichende oder problematische Gesundheitskompetenz aufweist, wobei bestimmte Subgruppen – Personen mit schlechtem Gesundheitszustand, niedrigem sozioökonomischem Status, niedrigem Bildungsniveau, hoher Inanspruchnahme von Gesundheitsdienstleistungen sowie hohem Alter – besonders betroffen sind (Sørensen et al., 2015). An dieser Stelle ist zu erwähnen, dass weitere Untersuchungen darauf hinweisen, dass Faktoren wie etwa der soziökonomische Status und/oder das Bildungsniveau nicht zwingend mit der Entwicklung von Gesundheitskompetenz in Verbindung gebracht werden können. Auch Personen unterschiedlicher Professionen wie Lehrer*innen, Mediziner*innen und Pflegefachkräfte verfügen nicht durchgehend über dasselbe Maß an gesundheitsbezogenen Kompetenzen (Steckelberg, 2014). Demnach ist es wichtig auf die jeweilige Situation der Betroffenen einzugehen, um individuelle Unterstützungsangebote zur Entwicklung von Gesundheitskompetenz anbieten zu können.

2.2 Gesundheitsförderung

Die Gesundheitsförderung beschäftigt sich mit Prozessen, die es einem Menschen ermöglichen, bei verändertem Gesundheitszustand Probleme zu bewältigen und seine Gesundheit wieder zu stärken (Bartholomeyczik, 2006).

Definition der Gesundheitsförderung laut Weltgesundheitsorganisation

„Health promotion is the process of enabling people to increase control over, and to improve their health. It moves beyond a focus on individual behavior towards a wide range of social and environmental interventions." (WHO, 2017)

Ziel der Gesundheitsförderung ist es, Gesundheit und Wohlbefinden zu erhalten (Röhrle, 2007). Gesundheitsförderung hängt eng mit dem **salutogenetischen Modell** zusammen. Dieses wurde von dem Medizinsoziologen Aaron Antonovsky (1923–1994) begründet. Er beschäftigte sich mit der Frage, warum Menschen trotz vielfältiger Risikofaktoren und Belastungen meist gesund bleiben und welche Ressourcen wirksam werden, wenn Menschen bestimmte Situationen bewältigen oder sich behaupten müssen (Antonovsky, 1998; Bamberger, 2010). Dabei wird nicht nach psychosozialen Faktoren gefragt, die einen Menschen krank machen, sondern nach Einflüssen, die es ermöglichen, dass Menschen trotz krankmachender Faktoren gesund bleiben (Bartholomeyczik, 2006). Die Salutogenese als Gegenstück zur Pathogenese befasst sich mit der Entwicklung und Entstehung von Gesundheit (Klemperer, 2010). Eine zentrale Ressource dafür ist das Kohärenzerleben, das Menschen dazu befähigt, ihr Leben und Handeln innerlich als zusammenhängend wahrzunehmen (Hausmann, 2005).

Das **Gesundheits-Krankheits-Kontinuum** ist ein zentraler Aspekt des salutogenetischen Modells. Das Wort „Kontinuum" kommt aus dem Lateinischen und bedeutet „zusammenhängend". Gesundheit und Krankheit sind als die beiden Pole eines Kontinuums zu verstehen und hängen somit zusammen. Eine strikte Trennung voneinander ist demnach nicht möglich (Antonovsky, 1997). Krankheit kann unter dieser Annahme nicht als ein abgesondertes Phänomen angesehen werden. Der Mensch ist nicht absolut krank oder absolut gesund, es sind fortwährend beide Anteile vorhanden (Hüper & Hellige, 2009). Das folgende Zitat verdeutlicht diese Betrachtungsweise ein Stück weit: „Wir sind alle sterblich. Ebenso sind wir alle, solange noch ein Hauch von Leben in uns ist, in einem gewissen Ausmaß auch gesund." (Antonovsky, 1997, S. 23)

Alle Bestrebungen zielen folglich darauf ab, die Situation des Menschen zu jedem Zeitpunkt des Lebens in diesem Kontinuum zu untersuchen, zu lokalisieren und einen Beitrag zur Veränderung in Richtung Gesundheit zu leisten (Antonovsky, 1997). Dabei wird die Perspektive weg von der Erkrankung und von den Fragen nach der Ätiologie hin zur Gesundheit gerichtet. Das Ziel ist schließlich die Beantwortung der Frage, wie Menschen gesünder und weniger krank werden (Hüper & Hellige, 2009). Bartholomeyczik (2006) beschreibt den Perspektivenwechsel treffend als eine Entwicklung von der Sichtweise der Krankheitsentstehung hin zur Sichtweise der Gesundheitsentstehung; aus der Pathogenese wird die Salutogenese. Dieser Perspektivenwechsel entstand aus der Erkenntnis, dass Stress krank machen kann, dies aber nicht auf alle Menschen in gleichem Maße zutreffen muss.

Das **Kohärenzgefühl** oder ***sense of coherence*** **(SOC)** ist die Hauptdeterminante für jene Position, auf der sich ein Mensch im Gesundheits-Krankheits-Kontinuum befindet, je nachdem, wie nahe er der Gesundheit ist (Antonovsky, 1997). Es beschreibt, inwieweit eine Person das

Leben als sinnvoll, lohnend, verstehbar und handhabbar wahrnimmt (Bartholomeyczik, 2006; Klemperer, 2010). Der Grad der Ausprägung des Kohärenzgefühls ist für die Bewältigung allgemeiner Belastungen und im Speziellen für die Bewältigung von Notfällen und akuten Erkrankungen wesentlich und beinhaltet die Fähigkeit, passende Copingstrategien zu entwickeln (Hausmann, 2005).

Die zentralen Komponenten des Kohärenzgefühls stellen Verstehbarkeit, Handhabbarkeit und Bedeutsamkeit dar (Antonovsky, 1997) und entsprechen u. a. den Bedürfnissen von Menschen während oder nach einer Notfallsituation (Hausmann, 2005), wie es beispielsweise auch bei Patient*innen nach einem akuten Geschehen wie einem Myokardinfarkt, einem Intensivaufenthalt und/oder einer Notoperation zutrifft.

Das Kohärenzgefühl ist als Ressource (Bamberger, 2010) bzw. als individuelles Potenzial für die Regulation und Leistung von Gesundheit zu verstehen (Brieskorn-Zinke, 2000). Die Fähigkeit, negativen inneren und äußeren Einflussfaktoren standzuhalten und sie zu bewältigen, wird als Gesundheitspotenzial bezeichnet (Hausmann, 2005). Es spiegelt sich im Vertrauen in die eigene Handlungsfähigkeit und im Wissen um die individuelle Gestaltungskompetenz wider (Bamberger, 2010). Die Stärkung des Kohärenzgefühls ist ein zentraler Aspekt in der pflegerischen Beratung von Menschen mit chronischen Erkrankungen (Brieskorn-Zinke, 2000).

Das Ziel pflegerischer Gesundheitsberatung ist es, das Regulations- und Leistungspotenzial für Gesundheit systematisch herauszuarbeiten, um das Kohärenzgefühl von Menschen bei akuter Krankheit oder beim Auftreten einer chronischen Erkrankung bzw. bei der Bewältigung chronischer Gesundheitsprobleme zu stärken (Brieskorn-Zinke, 2000).

In einem nächsten Schritt wird auf die drei Komponenten Verstehbarkeit, Handhabbarkeit und Bedeutsamkeit des Kohärenzgefühls eingegangen und die Beziehung zwischen diesen Komponenten beschrieben, um deren Bedeutung für die Beratungssituation darzustellen.

- **Verstehbarkeit (*comprehensibility*)**
  Verstehbarkeit ist die Fähigkeit einer Person, sich bestimmte Ereignisse im Leben zu erklären (Bamberger, 2010). Das bedeutet, dass interne sowie externe Stimuli als kognitiv sinnvoll wahrgenommen werden können, indem sie einerseits vorhergesagt und andererseits – sollten sie unerwartet auftreten – zumindest eingeordnet und erklärt werden können. Menschen mit hohem SOC nehmen schwere Lebensereignisse als Herausforderung an und werten Ereignisse, die in ihrem Leben eintreten, als Erfahrungen. Dadurch gelingt es ihnen, negative Erfahrungen zu ertragen. Umgekehrt finden sich Menschen mit niedrigem SOC im Denken wieder, sie wären ein Pechvogel. Das bedeutet, dass sie negative Ereignisse ausnahmslos als unglückselige Dinge betrachten und die Erwartung hegen, dass diese sich in ihrem weiteren Leben fortsetzen werden (Antonovsky, 1997).

- **Handhabbarkeit (*manageability*)**
  Die Handhabbarkeit ist das Ausmaß, in dem ein Mensch die zur Verfügung stehenden Ressourcen wahrnehmen und einsetzen kann, um die Anforderungen interner und externer Stimuli zu bewältigen (Antonovsky, 1997). Bamberger (2010) nennt die Fähigkeit, den vielfältigen Anforderungen im Leben gerecht zu werden, Beeinflussbarkeit. Menschen mit dieser Fähigkeit können dem Leben eine individuelle Gestalt geben. Handhabbarkeit ist verbunden mit der persönlichen Überzeugung und dem Vertrauen, eigene Ressourcen und Kompetenzen nutzen und mobilisieren zu können, um selbstsicher Problemlösungen zu finden. Die Fähigkeit bezieht sich nicht nur auf die Ressourcen der betreffenden Person, sondern auch auf den Einsatz von Ressourcen und Kompetenzen aus ihrem Umfeld, wie beispielsweise Personen, die in

den Bewältigungsprozess miteinbezogen werden können (Hüper & Hellige, 2009). Beeinflussbarkeit bedeutet subjektiven Handlungsspielraum für die Betroffenen, indem sie die Situation, in der sie sich befinden, aktiv gestalten können (Hausmann, 2005).

- **Bedeutsamkeit (*meaningfulness*)**
  Die Bedeutung dieser Komponente liegt im affektiven Bereich, in der Sinnhaftigkeit, und ist das motivationale Element des SOC. Bedeutsamkeit ist das Ausmaß, in dem das Leben als emotional sinnvoll empfunden wird und es sich lohnt, Energie zu investieren (Antonovsky, 1997). Folglich ist dies entscheidend für die Fähigkeit, das eigene Leben sinnvoll zu gestalten (Hüper & Hellige, 2009). Es sind häufig rationale oder emotionale Gründe, die es den Betroffenen ermöglichen, Herausforderungen anzupacken. Entscheidend ist, dass sie an relevante Werte anknüpfen, für die sich die Investition lohnt (Hausmann, 2005).

Die drei Komponenten Verstehbarkeit, Handhabbarkeit und Bedeutsamkeit stehen in einem wechselseitigen Zusammenhang zueinander. Abhängig von der Ausprägung der jeweiligen Komponente wird das Kohärenzgefühl beeinflusst. Sind die drei Komponenten stark ausgeprägt, empfindet die Person die Welt als kohärent. Bei niedrigen Werten ist es umgekehrt. Der Bedeutsamkeit kommt eine Schlüsselrolle für die Entwicklung des SOC zu, denn auch wenn in der Verstehbarkeit und Handhabbarkeit niedrige Werte zu verzeichnen sind, jedoch die Bedeutsamkeit – das Interesse, die subjektive Bedeutung – hoch ist, fungiert diese für die betreffende Person als eine Art Motivator, um aktiv nach Ressourcen zu suchen. Dies führt im Rahmen der Bewältigung schließlich erneut zu hohen Werten in allen drei Komponenten, zu einem positiven Kohärenzgefühl (Antonovsky, 1997) und letztlich zu den erforderlichen Copingstrategien, um die gegenwärtigen Stressoren bewältigen zu können (Hausmann, 2005).

Die salutogenetische Betrachtungsweise sieht vor, nicht nach den Stressoren, sondern nach jenen Ressourcen zu suchen und zu fragen, die es ermöglichen, einen Beitrag zur Gesundheit zu leisten. Grundsätzlich sind Stressoren nicht als negativ zu betrachten, weil sie mit ausreichend sozialer Unterstützung und positiver Bewältigung auch einen gesundheitsfördernden Aspekt haben und Lebenserfahrung bedeuten. Stressoren lösen beim Menschen eine bestimmte Reaktion aus, die einen Spannungszustand bewirkt, dem schließlich eine wesentliche Funktion innewohnt – die der Mobilisierung des Körpers (Antonovsky, 1997). Entscheidend sind der Umgang mit dieser Anspannung und die Fähigkeit, sie zu bewältigen. Diese Befähigung hängt stark mit dem materiellen Status, dem eigenen Wissen und Können, der Problemlösungskompetenz, der Identität, dem Lebensstil und der Fähigkeit, in sozialen Netzwerken befriedigende Beziehungen einzugehen, zusammen, ebenso mit der Balance zwischen Unter- und Überforderung (Hüper & Hellige, 2009). Das Vorhandensein von ausreichenden finanziellen Mitteln, Bildung und Entscheidungsspielräumen wird als Widerstandsressource definiert; deren Mangel als Widerstandsdefizit. Beides kann das Kohärenzgefühl demnach positiv oder negativ beeinflussen. Die Aufgabe der Pflege liegt darin, diese Widerstandsressourcen und -defizite wahrzunehmen und schließlich durch gezielte Interventionen zu beeinflussen (Brieskorn-Zinke, 2000).

Praxisbeispiel Herr F. – akuter Myokardinfarkt

Situationsbeschreibung (Art und Auslöser des Problems)

Herr F., 34 Jahre, wurde auf einer kardiologischen Abteilung aufgenommen. Er wurde vor zwei Tagen von seinem Hausarzt ins Krankenhaus überstellt, da er einen erhöhten Blutdruck hatte und einen Druck in der Brust verspürte. Bei der Blutabnahme im Krankenhaus wurden positive Herzenzyme (Troponin) festgestellt. Aufgrund dessen wurde Herr F. umgehend in ein Herzkatheterlabor gebracht und angiografiert. Die Untersuchung ergab, dass er einen Herzinfarkt gehabt hatte. Das verengte Gefäß konnte mit einem Stent wiedereröffnet werden. Die Angiografie wurde über die Arteria radialis links durchgeführt, die Einstichstelle mit einem speziellen Kompressionsdruckverband versorgt.

Herr F. erzählt im Rahmen der pflegerischen Anamnese der zuständigen Pflegeperson, dass er bislang keine gesundheitlichen Probleme hatte. Er kann sich nicht vorstellen, dass er am Herzen erkrankt sei, da er seit der Intervention im Herzkatheterlabor wieder vollkommen beschwerdefrei wäre. Er äußert, dass er umgehend nach Hause gehen wolle, da er keinen Grund für seinen stationären Aufenthalt sehe. Er habe in der Arbeit einige Termine, die äußerst wichtig seien. Die zuständige Pflegeperson kann Herrn F. in einem Gespräch beruhigen und vereinbart mit ihm einen Termin für ein Beratungsgespräch zwei Tage vor der Entlassung.

Problembeschreibung

Herr F. ist seit drei Jahren als Manager in einer großen Bank tätig. Er betreut und koordiniert eine Vielzahl von Projekten und hat demnach eine große Verantwortung zu tragen. Die Konkurrenz in der Arbeitswelt ist hoch und seine Position sehr begehrt. Seine Arbeit und seine Position sind ihm sehr wichtig, da er viel Zeit und Energie in seine Karriere investiert hat.

Er ist verheiratet und hat einen Sohn im Alter von zwei Jahren. Seine Frau ist gerade mit dem zweiten Kind schwanger. Sie leben gemeinsam in einer Drei-Zimmer-Wohnung in Wien, im 4. Stock, mit Lift. Herr F. ist Alleinverdiener, seine Gattin befindet sich gerade in Mutterschutz. Sie hat bislang als selbstständige Floristin in einem Blumengeschäft gearbeitet, das sie vor der Geburt ihres ersten Kindes verpachtet hat. Herr F. und seine Gattin haben gemeinsam beschlossen, dass Frau F. in den ersten Jahren zu Hause bei den Kindern bleiben kann. Die Diagnosestellung war für die Kleinfamilie ein Schock. Ein bevorstehender Rehabilitationsaufenthalt, der vom Oberarzt empfohlen wurde, steht in den nächsten Wochen bevor. Die Gattin ist hochschwanger und versorgt den zweijährigen Sohn allein zu Hause. Die Mutter von Herrn F. wohnt am Land und ist selten in der Stadt bei der Familie, sein Vater ist vor einem Jahr bei einem Verkehrsunfall verstorben. Er hatte Bluthochdruck, Arteriosklerose und eine Angina-pectoris-Symptomatik bei Belastung. Der Kontakt zu den Eltern von Frau F. ist gut, jedoch wohnen auch sie in einem anderen Bundesland und kommen selten in die Stadt.

Klinische Informationen

- Herzinfarkt
- Arterielle Hypertonie
- Hyperlipidämie
- Raucher (15–20 Zigaretten am Tag)

Überlegungen für die Praxis

Wie kann das Kohärenzgefühl des Patienten unter Berücksichtigung der Aspekte Verstehbarkeit, Handhabbarkeit und Bedeutsamkeit gestärkt werden? Mit welchen Inhalten im Rahmen eines Beratungsgespräches wäre das möglich?

Das Modell der Salutogenese dient der Praxis der Gesundheitsförderung als Metatheorie bzw. inhaltlich als Orientierungsrahmen für konzeptuelle Überlegungen und die Maßnahmenplanung. Das Ziel pflegerischer Gesundheitsberatung im Sinne der Salutogenese ist die Stärkung des

Kohärenzgefühls und somit die Stärkung der individuellen Handlungsfähigkeit von Menschen in kritischen Lebenssituationen. Durch das Wissen über die Struktur des SOC kann das Beratungsgespräch so aufgebaut bzw. können die Inhalte mithilfe von Gesprächsanregungen dahingehend gelenkt werden, dass eine individuelle Kompetenzsteigerung erreicht wird. Beispielsweise soll die Komponente Verstehbarkeit gefördert werden, indem gemeinsam jene Informationen ermittelt werden, die für die kognitive Bewältigungsarbeit erforderlich sind. Durch die Aufbereitung der notwendigen Informationen und die damit verbundene Aufklärung und Beratung können Stressoren kognitiv eingeordnet und verarbeitet werden (Brieskorn-Zinke, 2000).

Der nächste Gesichtspunkt in der Beratung im Sinne der Salutogenese sind die Handhabbarkeit und die damit verbundene Stärkung dieses Gefühls. In der Beratungssituation werden Ressourcen und Kompetenzen der Patientin oder des Patienten ermittelt und offen dargelegt, sodass das Gefühl der Handhabbarkeit bestimmter Schwierigkeiten, die sich aus den Veränderungen durch eine Erkrankung ergeben, gestärkt wird. Dadurch können mögliche Anfangsschwierigkeiten im Rahmen der Krankheitsbewältigung besser bewältigt werden.

Die dritte Komponente, die Bedeutsamkeit, ist eine motivationale Komponente und kann in Akutsituationen bzw. beim Auftreten einer Erkrankung erschüttert sein. Ihre Stärkung stellt in der Beratungssituation eine Herausforderung dar, gleichzeitig werden Pflegende mit dieser Gefühlsebene sehr häufig konfrontiert. Entscheidend für die Betreuungssituation sind die empathische und aufmerksame Herangehensweise und Begegnung mit den zu beratenden Personen (Brieskorn-Zinke, 2000). Ist diese Komponente ausgeprägt vorhanden, zieht sie als Motivationsfaktor die Stärkung der beiden anderen Komponenten nach sich (Antonovsky, 1997).

2.3 Prävention

Präventive Maßnahmen dienen der Vorbeugung von Krankheiten und konzentrieren sich auf bestimmte Risikogruppen einer Bevölkerung. Das Ziel präventiver Maßnahmen ist demnach die Vermeidung von Krankheit bzw. krankheitsauslösenden Faktoren (Röhrle, 2007; Bartholomeyczik, 2006). In der pflegerischen Versorgung wird auf prophylaktische Maßnahmen wie u. a. Dekubitus- oder Sturzprophylaxe zurückgegriffen. Dabei sollen gezielt Risikofaktoren reduziert werden, die einen Dekubitus oder Sturz begünstigen (Bartholomeyczik, 2006).

Bei präventiven Maßnahmen gibt es drei Bereiche: die Primärprävention, die Sekundärprävention und die Tertiärprävention (Bartholomeyczik, 2006). Auf die einzelnen Begrifflichkeiten wird nun näher eingegangen.

- **Primärprävention**
  Bei der Primärprävention wird durch die gesetzten Maßnahmen gezielt versucht, das Entstehen einer Erkrankung zu verhindern, noch bevor erste Symptome auftreten (Röhrle, 2006). Ziel der Primärprävention ist es, einen oder mehrere auslösende oder vorhandene Risikofaktoren zu vermeiden. Dadurch soll bereits das erstmalige Auftreten einer Erkrankung verhindert werden (Bartholomeyczik, 2006; Kunze, 2007). Zu den primärpräventiven Maßnahmen zählen beispielsweise Impfungen, aber auch der Verzicht auf Tabakkonsum oder die Vermeidung von Werbung dafür. Dadurch kann z. B. das Risiko für die Entstehung eines Herzinfarktes oder einer chronisch-obstruktiven Lungenerkrankung minimiert werden (Kunze, 2007).

  Aufgabe der Pflege im Bereich der Primärprävention ist die entsprechende Informationsvermittlung zu den Risikofaktoren für die Entstehung bestimmter Erkrankungen und die damit verbundene Aufklärung sowie Anleitung, um das individuelle Gesundheitsverhalten zu optimieren (Bartholomeyczik, 2006). Als Beispiel kann hier die Aufklärung über die Risikofaktoren eines Herzinfarktes genannt werden. Auch die Informationsweitergabe und Schulung von Kindern oder Erwachsenen hinsichtlich der positiven Effekte gesunder Ernährung, um einer Mangelernährung und/oder Diabetes Typ II vorzubeugen, zählen zu den Interventionen der Primärprävention.

- **Sekundärprävention**

  Die Sekundärprävention befasst sich mit der Erkennung von Erkrankungen im Frühstadium und mit der frühzeitigen Therapie, noch bevor die ersten subjektiv wahrgenommenen Symptome auftreten (Bartholomeyczik, 2006; Kunze, 2007). Zu den Maßnahmen der Sekundärprävention gehören sämtliche Untersuchungen, die unter den Begriff „Screening" fallen und eine größere Bevölkerungsgruppe betreffen (Kunze, 2007). Als Beispiele in diesem Zusammenhang können gynäkologische oder urologische Untersuchungen wie PAP-Abstrich, Mammografie oder die Prostatauntersuchung genannt werden. Die Erkrankung soll dadurch früh erkannt und ihre Weiterentwicklung verhindert werden (Röhrle, 2006). In anderen Definitionen wird im Zusammenhang mit dem Begriff Sekundärprävention das erneute Auftreten einer Erkrankung beschrieben. Als Beispiel sei hier das erneute Auftreten eines Herzinfarktes genannt (Bartholomeyczik, 2006).

  Die Aufgabe der Pflege in der Sekundärprävention ist es somit, die Verschlechterung eines Krankheitszustandes zu verhindern, indem sie bei der Entwicklung individueller Verhaltensweisen im Umgang mit Risikofaktoren unterstützt (Bartholomeyczik, 2006). Dabei kann der Fokus beispielsweise auf der Förderung des Selbstmanagements hinsichtlich lebensstilverändernder Maßnahmen und/oder auf der Symptomkontrolle liegen.

- **Tertiärprävention**

  Als Tertiärprävention werden sämtliche Maßnahmen bezeichnet, die das Fortschreiten und die damit verbundene Chronifizierung einer Erkrankung verhindern möchten (Röhrle, 2006). Das bedeutet, dass man der Entstehung von Folgeerkrankungen vorbeugen möchte (Bartholomeyczik, 2006) bzw. verhindern will, dass nach der erfolgreichen Behandlung einer Erkrankung ein Rezidiv entsteht. Maßnahmen, die in den Bereich der Tertiärprävention fallen, finden sich häufig in der Rehabilitation (Kunze, 2007).

  Im Rahmen der Tertiärprävention kommen pflegerische Maßnahmen zum Einsatz, die sich auf den Erhalt körperlicher, geistiger und seelischer Kräfte der zu betreuenden Personen beziehen (Bartholomeyczik, 2006).

3 Edukation von Patient*innen sowie ihren Angehörigen

In diesem Abschnitt werden die Bereiche der Patient*innen- und Angehörigenedukation begrifflich genauer beleuchtet. Professionelle Beratung in diesem Sinne dient der Unterstützung, wenn individuelle Kompetenzen oder informelle Hilfenetze für die Lösung oder Bewältigung einer krisenhaften Situation nicht ausreichen oder eine Überforderung besteht. Edukation ist als Hilfestellung, Beistand und erweiterte Tätigkeit zu betrachten, welche die Betroffenen in ihren Fähigkeiten unterstützen soll. Sie lässt sich nicht auf Ratschläge, Empfehlungen, Training, Analysen, Information oder Beruhigung und Trösten allein reduzieren, kann allerdings Auslöser für eine Beratung sein. Beratung zielt darauf ab, Klient*innen zu einer befriedigenderen und erfüllteren Lebensweise zu verhelfen, indem mithilfe eines Perspektivenwechsels Bewältigungsstrategien entwickelt werden (Koch-Straube, 2008). Die beratende Pflegeperson bereitet die betreffende Person auf die individuelle Problemlösung vor, sodass ihr die eigenständige Bewältigung der Situation gelingen und sie zukünftig ihren Lebensalltag weitgehend unabhängig gestalten kann (Abt-Zegelin, 2006b).

Patient*innenedukation ist im deutschsprachigen Raum ein gängiger Oberbegriff für verschiedene Aktivitäten. Es handelt sich hierbei um Information, Schulung und Beratung sowie um deren Ziel, Menschen dabei zu unterstützen, im Rahmen der Edukation neues Wissen und neue Strategien im Umgang mit Gesundheitsstörungen zu erarbeiten. Die genannten Begrifflichkeiten werden zwar theoretisch differenziert, können in der Praxis jedoch ineinanderfließen (Abt-Zegelin, 2006b, 2015). Daher soll dieses Kapitel Aufschluss über die Bedeutung dieser Begriffe geben. Im ersten Teil wird der Ansatz des Selbstmanagements von Patient*innen und ihren Angehörigen beschrieben. In weiteren Teilen des Kapitels werden Informations-, Schulungs- und Beratungsansätze beschrieben, und es findet eine differenzierte Auseinandersetzung mit dem Beratungsbegriff statt, indem die Termini Experten-, Prozess- und Komplementärberatung aufgegriffen werden.

3.1 Selbstmanagement als Ziel der Edukation

Die Grundlage des Konzeptes **Selbstmanagement** bildet die Annahme, dass Menschen in der Lage sind, mit alltäglichen Herausforderungen zurechtzukommen, ohne professionelle Hilfe in Anspruch zu nehmen. Die Belastungen, die Menschen tagtäglich erleben, spielen dabei eine wesentliche Rolle. Überschreitet die als normal empfundene Last des Tages eine gewisse und individuelle Grenze, so kann der Fall eintreten, dass Menschen eine konkrete Hilfestellung benötigen, um diese Situation zu bewältigen. Hilfestellungen, die zeitlich begrenzt sind und sich im Rahmen bestimmter Möglichkeiten bewegen, sind dienlich, um Menschen zum Umgang mit dem bestehenden Problem zu befähigen und die Autonomie im Alltag wiederherzustellen. Dabei wird auf Selbsthilfekompetenzen, Potenziale und persönliche Ressourcen von Menschen zurückgegriffen (Howell et al., 2017; Kanfer, Reinecker & Schmelzer, 2012).

Praxisbeispiel – Alltagsproblem und Verlust von Autonomie

Eine an Brustkrebs erkrankte Frau erlebt während der Chemotherapie eine für sie schwer belastende und einschneidende Müdigkeit (*cancer-related fatigue*). Durch Energiemangel, Müdigkeit und Konzentrationsschwierigkeiten ist sie nicht mehr in der Lage, ihren Alltagspflichten als Mutter nachzukommen und ihre kleinen Kinder zu versorgen. Den Tisch abzuräumen und Geschirr zu spülen stellt sie vor eine große Herausforderung, und sie ist auf Hilfe angewiesen.

Ziel des Selbstmanagements ist es, menschliches Verhalten durch Autonomie, Selbstständigkeit und Selbstbestimmung steuerbar zu machen. Als ausschlaggebender Bestandteil des Selbstmanagements wird die **Selbstbeobachtung** erachtet. Selbstbeobachtung ist jene Kompetenz, die zur Bestimmung von realistischen und erreichbaren Zielen dient. In der Selbstbeobachtung geht es darum, das eigene Verhalten, persönliche Muster und angesteuerte Ziele klar zu beschreiben. Durch diese Beschreibung kann das zu verändernde Verhalten abgegrenzt und verstanden werden. Gleichermaßen wichtig ist es, das Ziel gut zu beschreiben, um nach einer erfolgten Intervention zu erkennen, ob es erreicht wurde (de Vries et al., 2011). Je klarer Ziele definiert sind, desto einfacher sind sie umzusetzen. Bischof, Bischof und Müller (2012) beschreiben Ziele im Kontext des Selbstmanagements als

- Absicht einer Veränderung,
- notwendige Aktivitäten für die Umsetzung eines Ziels,
- Ergebnis, welches erreicht werden soll, und
- zeitlichen Rahmen bis zur Umsetzung.

Zusätzlich zur Zielbeschreibung werden Details, welche für die Änderung notwendig sind, definiert; die Formulierung beinhaltet ebenso einen Plan für die Umsetzung der Ziele. Verschiedene Aspekte, die zuvor dargestellt wurden, müssen bei der Formulierung der Ziele geklärt sein. Dazu zählen beispielsweise:

- die Bedeutung der Veränderung,
- die Maßnahmen zur Erreichung des Ziels (allgemein und konkret) und
- die notwendigen Rahmenbedingungen (Zeit, Geld, Personen) (Bischof, Bischof & Müller, 2012).

Zur gedanklichen Strukturierung von Zielen kann das Befolgen eines Schemas hilfreich sein. Die Zielformulierung kann sich auf das sogenannte ZIEL-Schema stützen:

ZIEL-Schema	
Zweck	Zu welchem Zweck wird das Ziel verfolgt? Was ist der Nutzen? Welche Bedeutung hat das Ziel für die Person, die jeweilige Situation?
Inhalt	Was wird dazu benötigt? Welche Methoden, Vorgehensweisen, Personen, Maßnahmen und Aktivitäten braucht es? Welche Ressourcen sind vorhanden und wie können sie zum Einsatz kommen?
Ergebnis	Was soll das Ergebnis sein? Welche Erfolgskriterien gibt es? Ist es ein messbarer oder überprüfbarer Zustand?
Länge	Wie lange dauert es, bis das Ziel erreicht ist?

Tabelle 1: ZIEL-Schema (Bischof et al., 2012), modifiziert durch Hacker, Slobodenka & Titzer

Neben der klaren Zielbeschreibung werden bei der Selbstbeobachtung die im Alltag internalisierten Verhaltensabläufe reflektiert. Ein weiterer Schritt im Selbstmanagement ist die **Selbstbewertung**. Dabei wird das selbst beobachtete Ergebnis mit dem vorab festgelegten Zielzustand verglichen. Der Zielzustand muss dabei bewusst definiert und an individuelle Umstände wie beispielsweise Stimmung und Wohlbefinden angepasst werden.

Als **Selbstbelohnung** wird der dritte Schritt im Selbstmanagement bezeichnet, bei dem es darum geht, das neue, zielführende Verhalten beizubehalten. Belohnung für sich selbst bewirkt eine verstärkte Motivation für die Durchführung und Aufrechterhaltung des neuen Verhaltens (de Vries et al., 2011).

Zur Realisierung dieser individuellen Ziele sind unterschiedliche Bereiche der Edukation hilfreich, welche nachfolgend näher erläutert werden.

3.2 Information

Information im Gesundheitswesen und ihre Bedeutung kann aus zwei unterschiedlichen Perspektiven betrachtet werden: Einerseits gibt es das grundsätzliche Recht von Patient*innen auf Selbstbestimmung und Information (Patientencharta, 2006), andererseits gibt es die beteiligten Berufsgruppen und deren Umgang mit Informationen (Luderer & Behrens, 2005). Um das Informationsmanagement im Gesundheitswesen besser erfassen und Kommunikationswege verstehen zu können, ist es notwendig, die Grundlagen für die Informationsweitergabe aus beiden Perspektiven zu betrachten.

*Informationsweitergabe an Patient*innen*
Die 42. Vereinbarung zur Sicherstellung der Patient*innenrechte (Patientencharta) aus dem Jahr 2006 schreibt eine Regelung vor, auf deren Grundlage Patient*innenrechte im Rahmen einer Leistung im Gesundheitswesen eingehalten werden müssen. In Abschnitt 4, Art. 16 der Patientencharta wird das Recht auf Aufklärung – insbesondere über Diagnosen, mögliche Behandlungsarten, ihre Risiken und Folgen, über den Gesundheitszustand der Patient*innen sowie über deren erforderliche Mitwirkung bei der Behandlung – festgehalten. Daran wird deutlich, dass eine entsprechende Aufklärung den Erhalt von Informationen voraussetzt. Weiters wird festgehalten, dass die Aufklärung der Persönlichkeitsstruktur und dem Bildungsstand eines Menschen entsprechend zu erfolgen hat und diesem angepasst werden muss. Erst nachdem eine Aufklärung stattgefunden hat, können Patient*innen einer Behandlung ihre Zustimmung erteilen. Im Anschluss daran darf eine Behandlung erfolgen (Patientencharta, 2006).

Werden Aufklärungsgespräche von Ärzt*innen vorgenommen, so werden Pflegepersonen im Anschluss an dieses Gespräch häufig mit weiteren Fragen vonseiten der Patient*innen konfrontiert (Luderer & Behrens, 2005). An dieser Stelle ist es wichtig, dass die Pflegenden über den Aufklärungsstand der Patient*innen informiert sind, um diesen Fragen professionell begegnen zu können (Luderer & Behrens, 2005). Die Informationsweitergabe hat zum Ziel, Patient*innen dazu zu befähigen,

- Entscheidungen zu treffen,
- an der Behandlung mitzuwirken,
- Alternativen zu kennen und daraus zu wählen und
- sich als autonome Wesen wahrzunehmen (Abt-Zegelin, 2007).

Die Informationsweitergabe muss an jenen Orten stattfinden, an denen Informationen gebraucht werden. Halb formalisiert und in unterschiedlicher Qualität findet Informationsweitergabe beispielsweise während der Pflegetätigkeit statt (Abt-Zegelin, 2007).

Praxisbeispiel – Informationsweitergabe während einer Pflegetätigkeit

Ein Mann wird nach einem Insult und nachfolgender Hemiplegie auf einer Station mit neurorehabilitativem Schwerpunkt aufgenommen. Bei der Morgenpflege unterstützt ihn die Pflegeperson dabei, seinen Körper zu pflegen, und informiert über die jeweils nächste Tätigkeit. Sie beginnt damit, dem Patienten zu erklären, welche Utensilien zur Körperpflege bereitstehen, und stimmt ihre Vorgehensweise mit den Bedürfnissen des Patienten ab.

Informationen werden jedoch auch in vielen Gesprächen weitergegeben. In diesen Gesprächen, die durchaus als wirksam bezeichnet werden können, kommt es zur Interaktion zwischen Ratsuchenden und Pflegepersonen (Wright & Leahey, 2014). Unterstützend zur Aufklärung von Patient*innen verwenden Ärzt*innen zur Dokumentation ihrer Gespräche Aufklärungsbögen. Pflegepersonen können diese Form der Dokumentation über ein erfolgtes Gespräch nutzen, um Informationen zu erhalten. Die Dokumente geben Auskunft, worüber Ärzt*innen mit den Betroffenen bereits gesprochen haben und welche Themen im Informationsgespräch erneut aufgegriffen werden können.

Zur Untermauerung der Informationen können in einem Informationsgespräch auch Hilfsmittel wie beispielsweise Informationsbroschüren oder andere medial aufbereitete Informationen eingesetzt werden. Entscheidend für die Gestaltung und Aufbereitung von Informationsmaterial ist der Aspekt der Verständlichkeit der Inhalte für Laien. Dafür gibt es bereits Checklisten, die entsprechende Kriterien für die Erstellung einer Informationsbroschüre beinhalten. Tabelle 2 zeigt eine solche Checkliste für die Erstellung einer Patient*inneninformation vom Bundesinstitut für Qualität im Gesundheitswesen (2012). Die Checkliste geht in der ersten Kategorie auf optische Kriterien wie Schriftgröße, Verwendung von Farben und Fotos/Darstellungen/Bildern und vor allem auf Verständlichkeit ein. In der zweiten Kategorie finden sich Lesbarkeitskriterien. Hier liegt der Fokus auf einfacher Satzkonstruktion, Nachvollziehbarkeit und Sprache im Allgemeinen. Die dritte Kategorie wendet sich Inhaltskriterien wie der Stringenz und der Logik des Materials zu. Abschließend bildet die vierte Kategorie die Prüfung von Formalkriterien wie die Angabe von Quellen, Erstellungszeitpunkt, Herausgeber*innen mit Kontaktadresse und Informationen zur Finanzierung des Materials.

Checkliste Kriterien für die Erstellung von Patient*inneninformationen		
Optische Kriterien		
☐	***Ist die Schriftgröße ausreichend?*** Die Schriftgröße sollte mind. 11 pt betragen, ein Zeilenabstand von 1,5 ist optimal.	
☐	***Ist die Schriftart gut lesbar?*** Ein rundes Schriftbild ist von Vorteil (z. B. Arial).	
☐	***Sind Schriftfarbe und Papierqualität so gewählt, dass der Text gut lesbar ist?*** Bei der Schriftfarbe ist auf Kontrast und Rotgrünblindheit zu achten, Rot sollte nur gezielt eingesetzt werden, für die Hervorhebung von Inhalten empfiehlt sich Fettschrift.	
☐	***Werden Fotos/Darstellungen/Bilder verwendet?*** Abbildungen können zum besseren Verständnis und zur Visualisierung von Inhalten eingesetzt werden, auf eine lesbare Beschriftung ist zu achten.	
	☐	***Sind die Fotos/Darstellungen/Bilder verständlich und aussagekräftig?***
	☐	***Sie die Fotos/Bilder aktuell?***
	☐	***Stehen die Fotos/Bilder im Zusammenhang mit dem Text?***
☐	***Werden Tabellen verwendet?*** Tabellen dienen der übersichtlichen Darstellung von Inhalten.	
	☐	***Stehen die Tabellen in Zusammenhang mit dem Text?***
	☐	***Sind die Tabellen klar verständlich und gut lesbar?*** Tabellen sollten max. 5 Spalten und 15 Zeilen haben.

Kriterien zur Lesbarkeit	
☐	***Sind Absätze, Überschriften und Formatierungen so gewählt, dass sie die Lesbarkeit erhöhen?*** Absätze und Überschriften erleichtern die Lesbarkeit, zweispaltiger Text sollte linksbündig formatiert werden.
☐	***Wird auf kurze Sätze geachtet?*** Sätze mit weniger als 15 Wörtern sind leicht lesbar.
☐	***Wird auf einen gut nachvollziehbaren Satzbau geachtet?*** Sätze mit weniger als 3 Satzzeichen sind zu bevorzugen.
☐	***Wird auf eine gut verständliche Satzkonstruktion geachtet?*** Einfache, kurze Sätze mit weniger als 4 Hauptwörtern sind empfehlenswert.
☐	***Wird auf die Wortlänge geachtet?*** Es sollten kurze Wörter mit weniger als 10 Buchstaben verwendet werden.
☐	***Wird „Laiensprache" verwendet und werden Fachbegriffe/Abkürzungen möglichst vermieden?*** Pro Satz sollten nicht mehr als 2 Fachbegriffe verwendet werden.
	☐ ***Werden die verwendeten Fachbegriffe/Abkürzungen erklärt bzw. ist ein Glossar vorhanden?***
☐	***Wird der/die Leser*in persönlich angesprochen?*** Genderneutrale Sprache und „aktives Ansprechen" der Leser*innen erhöhen die Aufmerksamkeit.

Inhaltliche Kriterien	
☐	***Ist der Aufbau des Inhaltes klar und logisch?*** Sind Ziele angegeben? Eine klare Strukturierung der Inhalte macht die Checkliste übersichtlicher.
☐	***Falls zutreffend: Wird die Krankheit gut und verständlich beschrieben?***
☐	***Falls zutreffend: Werden durchzuführende Untersuchungen, Behandlungen, Nachsorgemaßnahmen und Risiken klar beschrieben?***
☐	***Werden Informationen zum „Eigenbeitrag" der Patient*innen angeführt?*** Werden Informationen zu Lebensstil, Bewegung, Coping und Umsetzbarkeit in die Praxis angeführt?
☐	***Werden weiterführende Informationen und Hilfe angeführt?*** Weiterführende Literatur, Adressen von Anlaufstellen und Ansprechpartner*innen sollten angeben werden.

Formale Kriterien	
☐	***Sind Quellen, die für die Erstellung des Informationsmaterials herangezogen wurden, angegeben?*** Durch ein Quellenverzeichnis kann inhaltliche Transparenz sichergestellt werden.
☐	***Wird der Erstellungszeitpunkt des Informationsmaterials angegeben?*** Dadurch können Leser*innen nachvollziehen, wie aktuell das Informationsmaterial ist.
☐	***Sind die Autor*innen/beteiligten Interessengruppen angeführt?*** Erhöht die Transparenz.
☐	***Ist der/die Herausgeber*in mit Kontaktadresse angeführt?*** Erhöht die Transparenz.
☐	***Gibt es ausreichend Platz für Notizen?*** Ermöglicht den Leser*innen eigene Anmerkungen zu ergänzen.

Tabelle 2: Kriterien für die Erstellung von Patient*inneninformationen (Czirkovits et al., 2010), modifiziert durch Hacker, Slobodenka & Titzer

Praxisbeispiel – gezielte Informationsweitergabe

Vor der Verabreichung einer Chemotherapie auf einer onkologischen Abteilung nimmt die Pflegeperson im Informationsgespräch vorab Bezug auf die bereits besprochenen möglichen Nebenwirkungen während der Behandlungszeit. Sie gibt dabei ein Informationsblatt an die Patient*innen weiter, worauf alle angesprochenen und wichtigen Punkte gut sichtbar und gegliedert aufgelistet sind.

Verschiedene Gründe können im weiteren Behandlungsverlauf zu einer Schulung führen. Beispiele hierfür sind das Erlernen einer Tätigkeit wie das Messen des Blutzuckers oder der Umgang mit einem Heimrespirationsgerät. Eine einfach gestaltete Informationsweitergabe ist dabei nicht mehr ausreichend. Schulungen sind im Vergleich zur Informationsweitergabe breiter im Aufbau und folgen einem strukturierten Ablauf.

3.3 Schulung

Ein weiteres Mittel der Edukation zur Stärkung des Selbstmanagements sowie zur Erreichung der geplanten Ziele stellt die Schulung dar. Schulungen sind in der Pflege bereits seit langer Zeit etabliert und gehören in gewissen Bereichen wie beispielsweise der Stomaversorgung bereits zum Pflegealltag. Schulungen folgen einem pädagogisch und didaktisch abgestimmten Konzept und bieten einen Rahmen, innerhalb dessen Patient*innen sowie Angehörige lernen können. Abt-Zegelin (2015) beschreibt für eine Schulung in der Pflege drei wesentliche Merkmale:

- schrittweises Vorgehen,
- Orientierung an einem oder mehreren Zielen und
- Überprüfung des Wissens am Ende der Schulung.

Auf die Planung und Durchführung einer Schulung wird in diesem Kapitel Bezug genommen.

In einer Schulung widmen sich Patient*innen, Angehörige und Pflegende konzentriert einem Thema, um eine bestimmte Fertigkeit oder Inhalte vermittelt zu bekommen bzw. zu vermitteln. Notwendig wird eine Schulung vor allem dann, wenn Patient*innen sowie deren Angehörige bestimmte Tätigkeiten selbst übernehmen müssen, um die Selbstpflege zu Hause garantieren zu können.

In der Pflegepraxis beschränken sich Schulungen auf einen begrenzten Zeitraum. Realistischerweise sind dies 30–60 Minuten, da im Pflegealltag kaum mehr Zeit zur Verfügung steht. Abt-Zegelin (2015) empfiehlt das Konzept einer Mikroschulung, da sie weder zeitaufwendig noch umfangreich ist. Dieses Konzept erfordert standardisiertes und wissenschaftlich fundiertes, auf die Fachinhalte einer Schulung bezogenes Wissen sowie eine entsprechende Vorgehensweise in kleinen Schritten.

Folgende lernpsychologischen Aspekte finden in der Schulung Berücksichtigung (Abt-Zegelin, 2015):

- Aufmerksamkeit zentrieren, keine Ablenkung;
- Ziel der Schulung benennen;
- Nutzen und Wichtigkeit hervorheben, persönliche Bedeutung;
- Vorwissen erfragen und an Bekanntem anknüpfen;
- Alltagssprache benutzen und Fachbegriffe erklären;
- das Prinzip „weniger ist mehr" auf die Inhalte bezogen anwenden;
- Blickkontakt und Gestik einsetzen;
- Informationen durch Modelle, Zeichnungen, Filme usw. veranschaulichen;
- mehrere Sinneskanäle nutzen (Hand, Herz und Hirn);
- wiederholen und zusammenfassen;
- positiv bestärken, loben.

Die Erwachsenenpädagogik ist eine Grundlage der Schulung und bringt damit ein weiteres wichtiges Element ein. Vorherrschend ist dabei der Ansatz des Konstruktivismus: In diesem Modell geht man davon aus, dass sich lernende Personen ihre Wirklichkeit selbst konstruieren. Dies erklärt, warum Wissensinhalte nicht auf einfachem Weg weitergegeben und übernommen werden können, sondern immer in die jeweilige Lebenswelt integriert werden müssen (Hummel-Gaatz & Doll, 2007; Abt-Zegelin, 2015).

Praxisbespiel – Ausschnitt: Schulung zur Einnahme von oralen Zytostatika

- Achten Sie darauf, dass sich während der Einnahme so wenige Personen wie möglich im Raum befinden.

- Hautkontakt mit dem Zytostatikum vermeiden: Abzählen und Einnahme von oralen Zytostatika nur mit Handschuhen.
- Die Hände davor und danach gründlich mit Seife und kaltem Wasser waschen. Sollte die Haut mit der Tablette in Berührung kommen, ist die betroffene Hautstelle sofort gründlich mit Seife und kaltem Wasser zu reinigen.
- Tabletten nicht teilen oder kauen. Orale Zytostatika sollten in der Regel nicht geteilt werden. Müssen Tabletten in Einzelfällen gebrochen werden, kann dies in Druckverschlussbeuteln mittels Tablettenteiler erfolgen.
- Die vom behandelnden Arzt verordnete Dosis darf nicht selbstständig reduziert oder erhöht werden.
- Das Arzneimittel soll getrennt von Nahrungsmitteln, außerhalb der Reichweite von Kindern und Tieren und kühl bei 2–8° C gelagert werden.
- Nicht mehr benötigte oder abgelaufene Arzneimittel in die Apotheke zurückbringen.
- Tabletten auf keinen Fall im normalen Hausmüll oder über die Toilette entsorgen.

3.3.1 Planung und Durchführung von Anleitungs- und Schulungssequenzen

Im Fokus dieses Kapitels steht die konkrete Vorgehensweise bei der Planung einerseits und bei der Durchführung von Anleitungs- oder Schulungssequenzen andererseits. Die gesetzliche Grundlage hierfür ist im GuKG im Bereich der pflegerischen Kernkompetenzen (BGBl. I Nr. 54/2017 § 14 GuKG idgF) beschrieben und ermöglicht die Beratung zur

Gesundheits- und Krankenpflege sowie die Organisation und Durchführung von Schulungen. Zur korrekten Vorgehensweise wird empfohlen, einem bestimmten und standardisierten Handlungsablauf zu folgen. Die Planung und Erstellung eines Schulungskonzeptes ist dann sinnvoll, wenn man in der Pflegepraxis beobachtet, dass eine Personengruppe eine bestimmte Tätigkeit immer wieder lernen muss, um die Selbstpflege zu Hause aufrechterhalten zu können. Das bedeutet, Schulungen werden an der Notwendigkeit in der Praxis ausgerichtet, dabei sind keinerlei Grenzen gesetzt (Abt-Zegelin, 2015).

Praxisbeispiel – Schulung zur Versorgung eines Tracheostomas

Patient*innen, denen ein dauerhaftes Tracheostoma angelegt wird, werden auf der Hals-Nasen-Ohren-Station von einer Pflegeperson im Umgang mit der Trachealkanüle und in der Pflege des Tracheostomas geschult. Die Pflegepersonen haben dafür ein Schulungsprogramm entwickelt, welches individuell auf die Bedürfnisse der Patient*innen abgestimmt werden kann. Inhaltlich bekommen alle Patient*innen das gleiche Wissen vermittelt. Den Pflegepersonen stehen dafür unterschiedliche Materialien wie Modelle, Merkblätter und ein Schulungskoffer zur Verfügung, um die Betroffenen zur Selbstpflege befähigen und nach Hause entlassen zu können.

Für jede Auseinandersetzung mit Schulungsinhalten muss eine bestimmte Vorgehensweise eingehalten werden. Dies gilt für praktische und theoretische Inhalte gleichermaßen. Nachfolgend werden die sogenannten Planungsstandards genannt und als Basisdimensionen einer Planung beschrieben (Schewior-Popp, 2014).

Basisdimensionen

Im Folgenden werden Überlegungen anhand der Basisdimensionen der Unterrichtsplanung angestellt, die für die Planung einer Beratungs- oder Schulungssequenz wesentlich sind. Basisdimensionen dienen dazu, eine Unterrichts- oder Schulungssituation zu strukturieren und in einen schriftlichen Entwurf zu bringen. Es lassen sich vier Basisdimensionen benennen:

- die Situationsdimension,
- die Zieldimension,
- die Inhaltsdimension sowie
- die Methoden- und Organisationsdimension.

Die Dimensionen gelten sowohl für den praktischen als auch für den theoretischen Teil einer Schulung und setzen bei Lehrenden und Lernenden eine reflexive Grundhaltung gegenüber den Lehrinhalten, der praktischen Durchführung und der Überprüfung des Gelernten voraus (Schewior-Popp, 2014). Basisdimensionen gewährleisten optimales Lernen, indem Zeit durch die Strukturierung von Inhalten und Moderation effektiv genutzt wird, Problemlösungsaktivitäten von Lernenden gefördert werden und ein entsprechendes Lernklima geschaffen wird, in dem die individuellen Bedürfnisse der Lernenden berücksichtigt werden (Reusser, Pauli & Waldis, 2010). In der Pädagogik werden unterschiedliche Terminologien verwendet, die sich mit dem Prozess der Planung einer Sequenz, den Einzelfaktoren und ihren Zusammenhängen auseinandersetzen (Schewior-Popp, 2014). In diesem Buch werden in den weiteren Kapiteln die Basisdimensionen, wie sie in Abb. 1 ersichtlich sind, aufgegriffen und näher beschrieben.

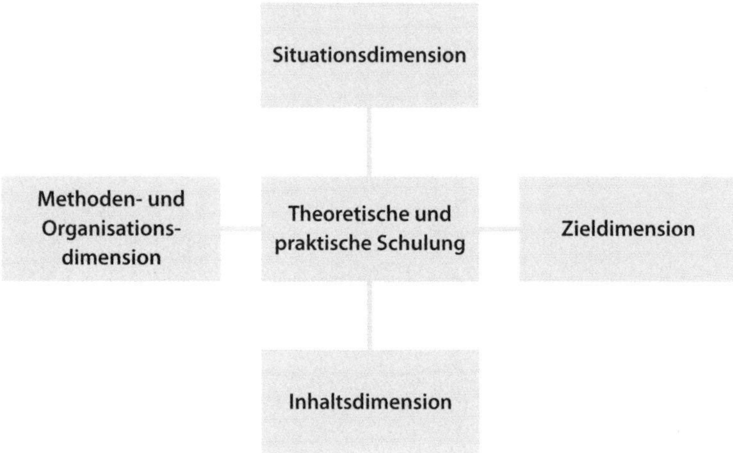

Abbildung 1: Basisdimensionen (Schewior-Popp, 2005), modifiziert durch Hacker, Slobodenka & Titzer

Situationsdimension (situative Bedingungsanalyse)
Zu Beginn wird in der Planung die Situationsdimension berücksichtigt. Sie befasst sich mit den Rahmenbedingungen einer Institution oder eines Kurses und den Lernvoraussetzungen der lernenden Person zu einem bestimmten Zeitpunkt. Es werden die soziokulturellen Ausgangsbedingungen der Lernenden oder einer Lerngruppe sowie die unterrichtsrelevanten Ausgangsbedingungen der lehrenden Person analysiert (Schewior-Popp, 2014). Bevor eine Schulungssequenz geplant wird, erfolgt eine umfassende Bedingungsanalyse. Dafür benötigt die Pflegeperson einige Vorinformationen, um die Situation gut einschätzen zu können. Die vorab gesammelten Informationen helfen dabei, mögliche Lernwiderstände zu erkennen. Es werden Motivationsgründe, Lernvoraussetzungen und der aktuelle Lernbedarf ermittelt. All diese wertvollen Informationen werden in die Vorüberlegungen und die Planung miteinbezogen (Hummel-Gaatz & Doll, 2007).

Die **Rahmenbedingungen einer Institution**, eines Kurses (Beratungsgesprächs, einer Schulung, …) beziehen sich vor allem auf drei Aspekte:

- Ort (Ausstattung der Unterrichtsräume, Medien, Möblierung, …)
- Zeit (Tageszeit)
- Zielgruppe (Größe, Zusammensetzung der Gruppe, Alter, Geschlecht, …)

Der Schwerpunkt **Lernvoraussetzung** im Rahmen der Planung befasst sich mit

- leistungs- und sachbezogenen Lernvoraussetzungen (kognitiv, psychomotorisch-pragmatisch, sprachlich) und
- sozialen bzw. persönlichkeitsbezogenen Lernvoraussetzungen (motivational, emotional, kulturell, familial-sozial, individuell-psychisch) (Schewior-Popp, 2014).

Ziel der Auseinandersetzung mit der Situationsdimension ist es, die jeweilige Planungsentscheidung mit den Rahmenbedingungen der Organisation oder Institution und den Lernvoraussetzungen der Lernenden abzustimmen und zu analysieren.

Diese Dimension beinhaltet die Definition und die Beschreibung der Institution, der Organisation und der spezifischen Schulung (d.h. des Spezifischen daran) sowie die Beschreibung des Zeitpunktes, des notwendigen Schulungsmaterials oder Hilfsmittels und die Beschreibung der Lernenden. Nachfolgend sind die Rahmenbedingungen und Lernvoraussetzungen weiter untergliedert und in Tabelle 3 dargestellt.

Der Blick auf die Rahmenbedingungen und Lernvoraussetzungen ermöglichet es, die Vielfalt einer Schulungssituation zu erkennen und in der weiteren Planung zu berücksichtigen. Weiters ist zu beachten, dass sich die Rahmenbedingungen und die Lernvoraussetzungen gegenseitig beeinflussen. Beispielsweise kann die Tageszeit einen wesentlichen Einfluss auf Lernmotivation und Emotionen haben, ebenso können die kognitiven und psychomotorischen Lernvoraussetzungen je nach Alter der zu schulenden Person variieren. Bei der Betrachtung der zwei genannten Bereiche wird deutlich, dass eine Trennung nahezu unmöglich erscheint, weshalb der übergeordnete Begriff der Situationsdimension entstanden ist. Nicht immer besteht die Möglichkeit, eine genaue Analyse der Situationsdimension vorzunehmen – beispielsweise dann, wenn die Lerngruppe nicht näher bekannt ist. Es sollte dennoch versucht werden, das Strukturmodell für Planungsentscheidungen heranzuziehen (Schewior-Popp, 2014).

Die Situationsdimension in der Planung einer Schulung	
Rahmenbedingungen	**Lernvoraussetzungen**

• *Ort der Schulung*
  • Lage/Größe des Raumes
  • Anzahl der Lernenden und Lehrenden
  • technische Ausstattung
• *Zeitpunkt und Dauer*
  • Tageszeit
  • aufeinanderfolgende Sequenzen
  • vorausgegangene und folgende Ereignisse
• *Einzelpersonen oder Gruppe*
  • Alter, Geschlecht, Nationalität, Kultur, Sprache, Bildungsstand
  • Lernklima
	• *leistungs- und sachbezogene Voraussetzungen*
	  • kognitiv
	  • psychomotorisch
	  • lerntechnisch
	  • sprachlich
	• *soziale und persönlichkeitsbezogene Voraussetzungen*
	  • motivational
	  • emotional
	  • familial-sozial
	  • kulturell
	  • individuell-psychisch

Analyse ←——————————→ Reflexion	

Tabelle 3: Situationsdimension (Schweior-Popp, 2014), modifiziert durch Hacker, Slobodenka & Titzer

Bei der Erstellung eines Schulungskonzeptes und der Analyse der ersten Basisdimension wird deutlich, dass ein Schulungskonzept nicht standardisiert werden kann und auch nicht in jeder Situation passend ist. Es ist daher notwendig, die Planung je nach Zielperson oder Zielgruppe zu hinterfragen und individuell anzupassen. Ebenso von Bedeutung ist eine entsprechende Dokumentation bzw. Dokumentationsanalyse (Schewior-Popp, 2014). Um die Rahmenbedingungen und Lernvoraussetzungen bestimmen zu können, ist es in der Pflegepraxis beispielsweise möglich, in die Pflegeanamnese Einsicht zu nehmen, um bereits vorab bestimmte Daten herauslesen zu können.

Praxisbeispiel – Beschreibung der Situationsdimension im Akutkrankenhaus

Herr U. bekam wegen einer Schluckstörung eine perkutane endoskopische Gastrostomie (PEG-Sonde) und wird zur Erhaltung des Selbstmanagements in der Verabreichung von Sondennahrung und in der Pflege der Sonde eingeschult. Die Schulung findet im Untersuchungszimmer der Station statt. Dort befinden sich die Schulungsmaterialen, welche von den Pflegenden bereits in Vorarbeit erstellt wurden. Dazu zählen Merkblätter und das benötigte Material zur Verabreichung von Sondennahrung. Die Tageszeit wird mit dem Patienten individuell abgestimmt. Herr U. ist 55 Jahre alt und bereits seit längerer Zeit erkrankt. Nach der Zustimmung zur Anlage einer PEG-Sonde wurden im Rahmen von Aufklärungs- und Informationsgesprächen bereits theoretische Inhalte vermittelt. An dieses Vorwissen kann die Pflegeperson zu Beginn der Schulung anknüpfen. Zur Unterstützung plant die schulende Pflegeperson den Einbezug von Herrn U.s Ehefrau in eine spätere Schulungssequenz.

Zieldimension

Die Unterrichtsplanung sowie die Planung und Gestaltung von Schulungsprozessen verfolgt stets ein Ziel. Damit ist gemeint, dass Schulungen grundsätzlich auf einer Grundintention basieren. Diese Intention wäre beispielsweise die Vermittlung von Wissen zu einem bestimmten

Themenbereich und von bestimmten Fähigkeiten oder Fertigkeiten, die dann von der lernenden Person zur Kenntnis genommen und in einem weiteren Schritt in eine Handlung übergeführt werden sollen.

Lernziele und die angestrebte Handlungskompetenz sind nicht dasselbe. Um Handlungskompetenz zu erlangen, müssen bestimmte Teilziele erreicht werden. Lernziele können übergeordnete Lernziele oder auch Teilziele des Unterrichts oder der Schulungssequenz sein (Schewior-Popp, 2014). Zentral werden in der Zielplanung die Fragen gestellt: Was soll das Ergebnis einer Schulung oder Beratung sein? Was soll bzw. möchte die lernende Person anschließend wissen und können?

Die Zielformulierungen beziehen sich auf drei verschiedene Bereiche, die abhängig vom Schulungsbedarf berücksichtigt werden. Die drei Bereiche, die im Rahmen der Planung und letztlich Schulung angesprochen werden sollen, beziehen sich auf den kognitiven (Gehirn), affektiven („Herz") und psychomotorischen (Hand) Bereich (Schewior-Popp, 2014). Für die Planung und Formulierung von Zielen, abgestimmt auf die Lernvoraussetzungen, können verschiedene Taxonomien herangezogen werden. Je nachdem, welcher Bereich im Rahmen der Schulungssequenz angesprochen werden soll, werden entsprechende Ziele formuliert.

Taxonomie der kognitiven Lernziele

Die folgende Taxonomie wurde in den 1950er-Jahren von Benjamin Bloom entwickelt. Die Lernziele beziehen sich auf den kognitiven Bereich. Anhand von Zielformulierungen werden Leistungen definiert, die sich auf das Denken, das Gedächtnis und die Wahrnehmung beziehen. Allgemein werden Wissen und intellektuelle Fähigkeiten beschrieben, die von der lernenden Person erreicht werden sollen. Die Lernziele werden abhängig von der Komplexität der Leistung in verschiedene Stufen unterteilt (Schewior-Popp, 2014). Die Formulierung eines kognitiven Lernzieles könnte wie folgt lauten:

Kognitives Lernziel

Frau X. kennt bestimmte Symptome ihrer Erkrankung, kann diese benennen, erklären und entsprechende Maßnahmen daraus ableiten.

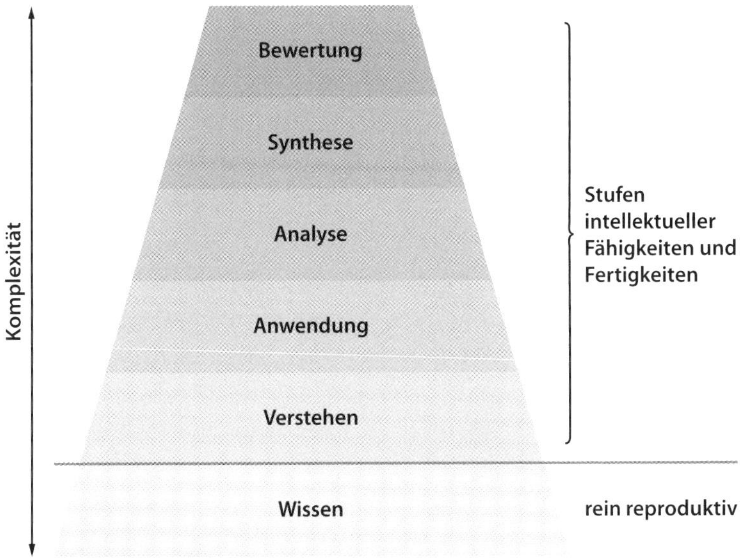

Abbildung 2: Taxonomie der Lernziele im kognitiven Bereich (Schewior-Popp, 2014, S. 57)

Die Taxonomie beschreibt die Abfolge der Wissensaneignung, wobei die Stufen in reproduzierbares Wissen und in Denkleistungen, die darüber hinausgehen, wie Fähigkeiten und Fertigkeiten, unterteilt werden (Schewior-Popp, 2014, S. 56). Die Taxonomie nach Bloom beschreibt die theoretische Wissensaneignung sowie die Reflexion des eigenen Denkvorganges. Durch das Reflektieren über das Wissen und die Fähigkeiten können Lernende zu ihrem Gedankenvorgang Stellung nehmen.

Die Taxonomie der Lernziele im kognitiven Bereich wird, wie in Abb. 2 ersichtlich, anhand von sechs Stufen beschrieben (Schewior-Popp, 2014):

- **Wissen**
  Zu Beginn wird das Wissen wiedergegeben; es geht um die Reproduktion von Wissen und weniger um das Verstehen. Auf dieser Stufe werden Lernziele häufig mit Verben formuliert, wie z. B. „benennen", „aufzählen" oder „wiedergeben können".
- **Verstehen**
  Auf der Stufe des Verstehens können Lernende Inhalte zu einem bestimmten Thema erklären, verstehen und begründen.
- **Anwendung**
  Mit der Stufe des Anwendens werden theoretische Kenntnisse in konkrete Situationen übertragen oder von der lernenden Person selbst erarbeitet. Typische Verben, die für die Formulierung von Lernzielen auf dieser Ebene verwendet werden, sind „anwenden", „verwenden" oder „berechnen". Ein formuliertes Ziel kann hier z. B. sein, dass eine an Diabetes Typ II erkrankte Person auf den aktuellen Blutzuckerspiegel bezogene Insulineinheiten berechnen kann.
- **Analyse**
  Auf der Stufe der Analyse werden die Fähigkeiten zu einer Situation oder einem Thema in Beziehung gesetzt und auf diese Weise analysiert, verglichen, eingeordnet, unterschieden oder gegenübergestellt. Als Beispiel kann hier angeführt werden, dass die lernende Person beim Einkaufen von gesunden Lebensmitteln zwischen sogenannten guten und schlechten Fetten unterscheiden kann und dies bei der Kaufentscheidung berücksichtigt.
- **Synthese**
  Auf dieser Stufe werden neue Erkenntnisse gewonnen, z. B. indem ein Plan erstellt oder etwas Neues entwickelt wird. Bei der Formulierung

von Lernzielen auf der Ebene der Synthese werden oft Verben wie „entwerfen“, „entwickeln“, „konzipieren“ oder „erstellen“ verwendet. Ein mögliches Ziel könnte lauten, dass die lernende Person einen auf ihren Alltag abgestimmten gesunden Ernährungsplan erstellt.

- **Bewertung**
  Stufe sechs beschreibt ein aus der gewonnenen Erkenntnis resultierendes konkretes Verhalten. Situationen werden beurteilt und geprüft oder es wird Stellung genommen. Typische Verben, die auf dieser Ebene verwendet werden, sind „beurteilen“, „überprüfen“ oder „entscheiden“; z. B. überprüft die lernende Person das Speiseangebot in einem Restaurant und entscheidet sich, ob sie dieses Angebot annehmen möchte.

Die Leistung des Lernens kann sehr vielfältig sein. So können beispielsweise komplexe Lernziele auf einer unteren Lernzielstufe angesiedelt sein, während konkrete Lernziele eine höhere Lernzielstufe, die der Bewertung, darstellen. Wenn es um die Erlangung von Handlungskompetenzen geht, sind Lernziele der höheren Stufe anzuvisieren, damit Zusammenhänge verstanden und analysiert und in weiterer Folge Entscheidungen getroffen werden können. Die Lernzieltaxonomie ist nicht chronologisch zu verstehen, sondern es gibt immer wieder Situationen, in denen Kenntnisse isoliert betrachtet werden und nicht immer zu einer Handlung führen. Die Taxonomie ist eine Art Werkzeug zur Planung von Lern- und Schulungssequenzen (Schewior-Popp, 2014).

Taxonomie der affektiven Lernziele
Die Ordnung der Taxonomie im affektiven Bereich (nach Krathwohl, 1978) orientiert sich an der Internalisierung. Damit ist die Verinnerlichung von Einstellungen, Haltungen, Interessen oder Werten gemeint, d. h. wie sich eine Person in einer bestimmten Situation verhält. Das Erreichen affektiver Lernziele ist im Vergleich zu den kognitiven und psychomotorischen

Lernzielen schwer zu erfassen und zu überprüfen. Daher ist die Beschreibung von affektiven Lernzielen bzw. von Verhaltensweisen auch nicht so präzise möglich. Es werden vielmehr erwünschte Verhaltensdispositionen, die die lernende Person erreichen soll, dargestellt (Schewior-Popp, 2014). Das Lernziel im affektiven Bereich könnte wie folgt lauten:

Affektives Lernziel

Frau X. ist bereit, in Zusammenhang mit ihrer Erkrankung (Diabetes) eine Blutzuckermessung in entsprechenden Situationen durchzuführen und konkrete Maßnahmen daraus abzuleiten.

Abbildung 3: Taxonomie der Lernziele im affektiven Bereich (Schewior-Popp, 2014, S. 59)

Die Taxonomie im Bereich der affektiven Lernziele unterscheidet, wie in Abb. 3 präsentiert, fünf Stufen (Schewior-Popp, 2014):

- **Aufmerksam werden/Beachten**
  Die Lernenden beachten ein Verhalten bzw. werden darauf aufmerksam, z. B. wird der/die Klient*in in der Beratung auf das eigene Rauchverhalten aufmerksam.
- **Reagieren**
  Auf dieser Stufe sind die Lernenden bereit zu reagieren, z. B. möchte eine Person ihr Rauchverhalten ändern.
- **Werten**
  Auf der Stufe des Wertens geht es darum zu lernen, Situationen einzuschätzen, und daraus ein Verhalten abzuleiten; z. B. achtet der/die Klient*in auf eine gesunde Lebensweise.
- **Organisieren/Ordnen von Werten**
  Auf dieser Stufe geht es um die Organisation bzw. um die Ordnung der Werte. Es werden konkrete Handlungen abgeleitet, und in dieser Phase wird das Setzen von Prioritäten erlernt, z. B. interagiert der/die Klient*in mit verschieden Gesundheitseinrichtungen und -professionen, um den eigenen Gesundheitszustand zu bewahren.
- **Charakterisierung durch einen Wert oder eine Wertstruktur**
  Auf der letzten Stufe rückt die Wertestruktur in den Mittelpunkt: Die lernende Person erlangt ein Verhalten aus innerer Überzeugung. Zum Beispiel verhält sich bzw. handelt die betroffene Person aus innerer Überzeugung grundsätzlich gesundheitsorientiert. Lernende erlangen beispielsweise ein geduldiges und einfühlsames Verhalten gegenüber Klient*innen in der Beratersituation.

Taxonomie der psychomotorischen Lernziele

Die psychomotorischen Lernziele werden mittels der Taxonomie im psychomotorischen Bereich (nach Dave, 1973) geordnet. Bei diesen Lernzielen liegt der Fokus auf dem **Handling**. Darunter versteht man das Beherrschen bestimmter Techniken bzw. Fertigkeiten. Beispielsweise kann sich ein mögliches Lernziel auf das Durchführen einer bestimmten Tätigkeit wie die selbstständige Blutdruck- oder Blutzuckermessung oder das Versorgen einer Kolostomie beziehen.

Psychomotorisches Lernziel

Frau X. ist in der Lage ihr Blutzuckermessgerät selbstständig vorzubereiten und eine Blutzuckermessung durchzuführen.

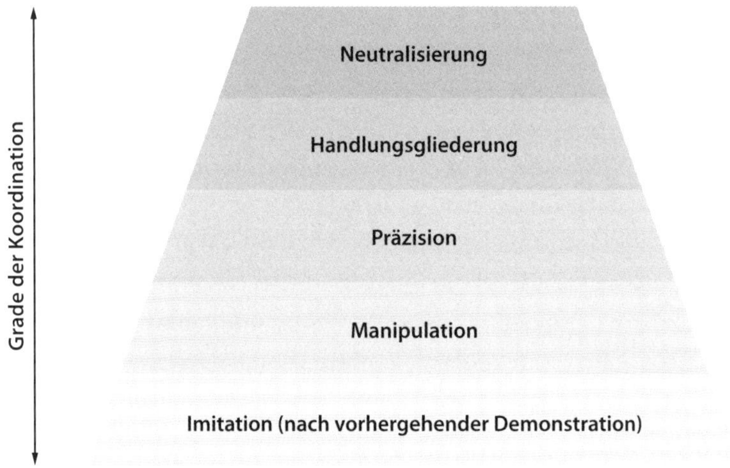

Abbildung 4: Taxonomie der Lernziele im psychomotorischen Bereich (Schewior-Popp, 2014, S. 61)

Eine praktische Handlung braucht zuerst die dafür nötigen kognitiven Erkenntnisse. Die Taxonomie nach Dave (1973) orientiert sich am Grad der Koordination bei der praktischen Ausführung einer Tätigkeit. Es geht nicht nur um das Erlernen und Sich-Aneignen von Tätigkeiten, sondern auch um das Beherrschen und Verstehen von Handlungsabläufen. Diese Taxonomie eignet sich für Anleitungssituationen von Lernenden sowie von Patient*innen. Dabei durchläuft die/der Lernende verschiedene Stufen der Handlungskoordination (Schewior-Popp, 2014):

- **Imitation**
  Auf dieser Stufe werden Handlungen strukturiert demonstriert und in einzelnen Schritten von Lernenden imitiert.
- **Manipulation**
  Die/der Lernende führt die Handlung selbst durch und erhält verbale und/oder visuelle Anleitung. Dadurch erlangen Lernende Sicherheit in der Handlung.
- **Präzision**
  Die/der Lernende führt die Handlung selbstständig aus, braucht jedoch Feedback in Bezug auf die Genauigkeit der Handlung sowie Erfahrung in der praktischen Umsetzung.
- **Handlungsgliederung**
  Erst wenn die Handlung erlernt wurde, kann sie situations- und fallbezogen durchgeführt werden. Die/der Lernende führt die Tätigkeit situationsbezogen selbstständig durch.
- **Neutralisierung**
  Auf dieser Stufe handeln Lernende flexibel und sicher, sie führen die Handlung selbstständig und situationsbezogen durch und treffen Entscheidungen selbst (Schewior-Popp, 2014).

Anhand der Taxonomie im psychomotorischen Bereich (Dave, 1973) konnte gezeigt werden, dass in Anleitungssituationen Lernziele nicht übersprungen werden können, sondern Handlungen etappenweise erlernt werden. Durch die Taxonomie lassen sich Anleitungssituationen präzise beschreiben und Lernziele können operationalisiert werden. Des Weiteren werden die Lernleistungen benannt, und erst durch das Zusammenführen des kognitiven, des affektiven und des psychomotorischen Bereiches wird die Gesamtheit und die Komplexität des beruflichen Handelns beschrieben. Die Zieldimensionen orientieren sich an fachlichen und pädagogischen Aspekten und dienen der Begründung und Transparenz einer Schulungs- bzw. Unterrichtsplanung (Schewior-Popp, 2014).

Praxisbeispiel – Angehörigenedukation

Frau H. pflegt seit ca. einem Jahr ihren an Demenz erkrankten Vater bei sich zu Hause. Sie ist berufstätig, geschieden und hat einen schulpflichtigen Sohn. Ihr Vater, Herr H., hat zu seiner Demenzerkrankung eine arterielle Hypertonie, eine Makuladegeneration und eine benigne Prostatahyperplasie. Letztere ist der Grund für einen stationären Aufenthalt. Es erfolgt ein operativer Eingriff, eine transurethrale Prostatektomie, die ihm beim Urinieren wieder Erleichterung verschaffen soll. Aufgrund der Komplikationen einer Nachblutung in der Harnblase erhält Herr H. einen Blasenverweilkatheter und muss drei Tage nach der Entlassung erneut zur Kontrolle in die Ambulanz. Danach entscheidet sich, ob der Blasenverweilkatheter entfernt wird oder noch belassen werden muss. Frau H. erhält am Tag vor der Entlassung die Information, dass ihr Vater mit einem Blasenverweilkatheter nach Hause gehen kann. Nach der Information ist sie entsprechend überfordert und reagiert aufgebracht.

- Welche Herausforderungen ergeben sich für Frau H. und ihren Vater?
- Welche Herausforderungen und Aufgaben ergeben sich für das betreuende Pflegepersonal?
- Wie können mögliche Zielformulierungen für ein beratendes Gespräch aussehen?

Inhaltsdimension

Nachdem klar definiert wurde, welche Ziele erreicht werden sollen, geht es nun darum, die Lern- und Lehrinhalte zu bestimmen, um die entsprechenden Ziele zu erreichen. Die Planung einer Lehreinheit bzw. einer Schulung erfordert die Verknüpfung von Ziel- und Inhaltsdimension. Um Kompetenzen zu erlangen, braucht es nicht nur Zieldimensionen, sondern es müssen auch theoretische Inhalte erworben werden. Je konkreter Lernziele definiert werden, umso einfacher lassen sich Inhaltsdimensionen daraus ableiten. Zuerst müssen Handlungs- und Sachbereiche definiert werden, um einen Unterricht oder eine Schulungssequenz dem Handlungsziel entsprechend inhaltlich und in der Methodik vorbereiten zu können; dafür werden konkrete Lernziele formuliert (Schewior-Popp, 2014). Die Lehrinhalte werden durch gezielte Recherche und Auseinandersetzung mit der Thematik bestimmt und aufbereitet.

Voraussetzung für die Inhaltsdimension:

- **Fachwissenschaftliche Orientierung**
  Lehrer*innen sind gefordert, ihr Wissen auf dem aktuellen Stand zu halten und sich mit den Erkenntnissen der aktuellen Literatur auseinanderzusetzen. Wissen besteht aus einer Kombination von Begriffen, die es gilt, den Lernenden zu vermitteln. Mehrere Begriffe werden zu Regeln zusammengeführt, die kategorisiert werden und deren Zusammenführung als Wissensstruktur bezeichnet wird. Dies ist für die Gestaltung der Lern- oder Schulungssequenz von Bedeutung, damit Lernende aktuelle wissenschaftliche Inhalte in strukturierter Form vermittelt bekommen.
- **Kompetenz- und qualifikationsbezogene Orientierung**
  Lehrpersonen brauchen ein umfassendes Bild von der angestrebten Qualifikation oder Kompetenz und deren Anforderungen in der Praxis. Dabei sind Perspektiven für die Zukunft zu berücksichtigen. Für die

Entwicklung von Qualifikationen und Kompetenzen braucht es wissenschaftliche Erkenntnisse über die beruflichen Anforderungen sowie Kenntnisse über die methodische Zielerreichung der Handlungskompetenz. Lehrende und Anleitungspersonen sind daher gefordert, nicht nur das theoretische Wissen auf dem aktuellen Stand zu halten, sondern auch die Anforderungen an die Praxis zu kennen. Nur so können sie den Lernenden das nötige Wissen und Know-how vermitteln, das diese brauchen, um den Anforderungen in der Praxis gerecht zu werden.

- **Pädagogisch-didaktische Orientierung**
  Dafür brauchen Lehrende ein Repertoire an didaktischen Methoden zur Vermittlung von fachlichem Wissen und Handlungskompetenz. Für die didaktische Aufbereitung einer Lern- oder Schulungssequenz wurden sieben Kernfragen entwickelt, die sich mit folgenden Inhalten befassen:

  1. Welche Lernvoraussetzungen brauchen Lernende für einen Lernerfolg und wie kann sich die Lehrperson einen Überblick über deren Vorkenntnisse verschaffen?
     Diese Überlegungen sind für die Planungsentscheidungen von Bedeutung, damit auf den Vorkenntnissen der Lernenden aufgebaut werden kann und folglich Anknüpfungspunkte eruiert werden können.
  2. Welche Handlungs- und Sachlogik bringen die Auszubildenden mit und wie ist der Inhalt der Lernsequenz strukturiert?
     Die Fragestellung dient dazu, ein Thema aus unterschiedlichen Perspektiven zu betrachten, z.B. Diabetes aus medizinischer, aus pflegerischer und aus Sicht der betroffenen Person. Die unterschiedlichen Perspektiven repräsentieren unterschiedliche Elemente, die in der Lernsequenz bearbeitet werden. Für die Person, welche die Lernsequenz plant, gilt es, einzelne Elemente im Lernprozess miteinander zu verknüpfen.

3. Welche Problemstellungen können in Verbindung mit dem Lerninhalt auftreten und wie können Lernwiderstände überwunden bzw. Lernende zur Lernzielerreichung motiviert werden?
   Ein gut vorbereiteter Unterricht hält Lernaufgaben für die Lernenden bereit, um ein besseres Verständnis für die Thematik zu entwickeln. Praxisbezogene Aufgabenstellungen können die Motivation positiv beeinflussen, vorausgesetzt, die Lernenden sehen eine konkrete Umsetzungsmöglichkeit bzw. ihr zukünftiges Handeln wird dadurch verbessert. Anhand der Fragestellung an die lernenden Personen wird der Zusammenhang von Theorie und Praxis ermöglicht.
4. Bietet der Lern- oder Unterrichtsinhalt Transfermöglichkeiten?
   Bei der Frage nach der Transfermöglichkeit von Unterrichtsinhalten geht es darum, ob Inhalte des Unterrichts bzw. der Schulung auch auf einzelne Personen oder eine Situation in der Praxis übertragen werden können. Damit sollte geklärt werden, welche Inhalte für den Unterricht geeignet sind und welche nicht. Allgemeine theoretische Kenntnisse müssen auch auf die einzelne Person, das Individuum, übertragen werden. Die Frage bietet eine Entscheidungshilfe bei der Auswahl von geeigneten und weniger geeigneten Inhalten für den Unterricht oder die Schulung. Beim Aneignen von Wissen und Fähigkeiten geht es nicht nur darum, theoretische Kenntnisse zu erlangen, sondern auch darum, sie kontextbezogen anwenden zu können. Je mehr Anwendungsmöglichkeiten den Lernenden vermittelt werden, desto mehr Gelegenheiten der Anwendung erkennen sie. Wissenstransfer ist erst möglich, wenn theoretische Kenntnisse in unterschiedlichen Anwendungsbezügen vermittelt werden. Nicht alle Fächer sind für die Transfermöglichkeit geschaffen, wie z.B. die Anatomie. Diese Wissensinhalte sind jedoch für andere Grundlagen und deren Transfer wichtig.

5. Wird durch den Lerninhalt das definierte Lernziel erreicht?
   Ein Lernziel kann durch unterschiedliche Lerninhalte erlangt werden. Erst durch die Operationalisierung, also die konkrete Beschreibung der Lernziele, wird verdeutlicht, welche Inhalte den Lernenden vermittelt werden sollen.
6. Welche Unterrichtskonzepte und -methoden, Sozialformen und Arbeitsmaterialien sind im Hinblick auf den geplanten Inhalt sinnvoll und notwendig?
   Bei dieser Frage geht es um den Aufbau und die zeitliche Organisation der Lernsequenz bzw. Unterrichtsstunde. Dabei werden die zur Verfügung stehende Zeit, die Arbeitsform, die Medien und Materialien bestimmt. Ein angestrebtes Ziel kann durch die Wahl einer falschen Methode zum Scheitern verurteilt sein.
7. Welche Möglichkeiten der Ergebnissicherung oder der Lernerfolgsüberprüfung bieten sich an?
   Diese Frage sollte bereits bei der inhaltlichen Planung berücksichtigt werden, da sie für den dauerhaften Lernerfolg verantwortlich ist. Hierbei geht es weniger um die Leistungsmessung als vielmehr um die Sicherung des laufenden Lehr-Lern-Erfolgs nach jeder Unterrichtssequenz, der durch Wiederholungen, Mitschriften, Auswertungen von Gruppenarbeiten oder durch kleine Tests evaluiert wird (Schewior-Popp, 2014). Schulungssequenzen in der Beratung dienen nicht der Lernerfolgsüberprüfung, sondern der Ergebnissicherung im Sinne der Frage „Kann der/die Klient*in das erworbene Wissen oder die erworbenen Fähigkeiten für sich und seine/ihre Problemlösungsentwicklung umsetzen?“.

Bei der inhaltsbezogenen Überlegung zur Planung von Schulung bzw. Unterricht muss die Basis der Vorkenntnisse abgesichert werden, um darauf aufbauen zu können und um zu erkennen, dass sie sich in der Überprüfung der Ergebnissicherung widerspiegelt. Die sieben Kernfragen der Planung von Lernsequenzen können helfen, die pädagogisch-didaktische Perspektive in Zusammenhang mit inhaltsbezogenen Planungsüberlegungen angemessen zu akzentuieren (Schewior-Popp, 2014).

Methoden- und Organisationsdimension

Die Methoden- und Organisationsdimension befasst sich mit dem *Wie* in einer bestimmten Situation. Wie können Sachinhalte aufbereitet und vermittelt werden, in welcher Reihenfolge ist dies sinnvoll und welche Hilfsmittel können dabei nützlich sein? Die gewählte Methode, die verwendeten Medien, die Sozialform sowie die Strukturierung der einzelnen Phasen des Unterrichts bzw. einer Beratungs- oder Schulungssequenz werden als Vermittlungsvariablen bezeichnet (Schewior-Popp, 2005). Sie dienen der Gestaltung und Planung einer Beratungs- oder Schulungssequenz.

Für die Planung des Unterrichts oder der Schulungssequenz sind folgende Überlegungen zu drei Faktoren wertvoll (Schewior-Popp, 2005):

- Wie können die einzelnen Phasen innerhalb des Unterrichts/ der Schulungssequenz ablaufen?
- Wie kann der Einsatz von Sozialformen abwechslungsreich gestaltet werden?
- Welche Methoden sind für die Vermittlung der Inhalte passend?

Sozialformen beschreiben die Organisation des Lernens, die Art des Miteinanders der lernenden Personen, die soziale Komponente der Unterrichts- bzw. Schulungssequenz sowie die Kommunikations- und Interaktionsstrukturen (Einzel-, Partnerarbeit, Klein- und Großgruppen). Dabei ist bezüglich der Methodenangemessenheit und -vielfalt auf Ausgewogenheit zu achten. Die verschiedenen **Methoden**, die zum Einsatz kommen können, sind beispielsweise Demonstrationen, Gesprächsarten sowie Rollenspiele. Zudem gibt es die Projektmethode, die Moderation oder das Mind-Mapping. Je nachdem, für welche Methode man sich entscheidet, können verschiedene **Medien** eingesetzt werden, die die jeweilige Methode unterstützen sollen; z.B. klassisch die Tafel oder das Whiteboard, ein Arbeitsblatt, eine Pinnwand, ein Flipchart, ein Video, ein Poster, ein Modell als Anschauungsmaterial oder ein Informationsblatt bzw. eine Informationsbroschüre (London, 2010; Schewior-Popp, 2005).

Ein **Verlaufsplan** oder eine Verlaufsübersicht spiegelt die Methoden- und Organisationsstruktur der zu haltenden Lehreinheit wider (Schewior-Popp, 2005). Er dient in der Planungsphase einer Schulungssequenz als wertvolles Werkzeug, um Lehreinheiten optimal zu strukturieren. Einerseits werden die Inhalte, der Aufbau, didaktische Methoden etc. gestaltet und andererseits wird der zeitliche Rahmen für die jeweiligen Inhalte und Methoden übersichtlich geplant. Der Verlaufsplan dient als wertvolle Strukturierungs- und Planungshilfe sowie als Übersicht über die geplante Lehreinheit.

Schritt/ Zeit	Lernziel	Lerninhalt	Sozialform/ Methode	Medien
1 **5 min**	Frau X erhält einen Überblick über die Inhalte der Schulungssequenz	Begrüßung, Vorstellung des Schulungsinhaltes	Interaktionsgespräch	Flipchart
2 **20 min**	Frau X kann das Krankheitsbild Herzinsuffizienz beschreiben und die begleitenden Symptome nennen	Herzinsuffizienz: • Pathologie • Symptome	Beratungsgespräch, Visualisierung	Broschüre
3 **15 min**	…			

Tabelle 4: Verlaufsplan (Schewior-Popp, 2005), modifiziert nach Hacker, Slobodenka & Titzer

Durchführen von Schulungssequenzen
Schulungssequenzen können in zwei konkrete Phasen unterteilt werden, wobei natürlich beide Phasen ineinanderfließen oder sich abwechseln können. Grundlegend wird zwischen einer Demonstrationsphase und einer darauffolgenden Übungsphase unterschieden. Wie oft die jeweiligen Phasen stattfinden, hängt vom Informationsbedarf der betroffenen Person, aber auch von den zur Verfügung stehenden Zeitressourcen im pflegerischen Alltag ab.

Die **Demonstrationsphase** beinhaltet das Vorzeigen, Erklären und Begründen einer bestimmten Pflegehandlung. Die Pflegeperson kann dem Betreffenden während der Demonstration auch den Sinnzusammenhang einer Tätigkeit näherbringen. Zudem haben die Patient*innen bzw. ihre Angehörigen in dieser Zeit die Möglichkeit, bei Unklarheiten Fragen zu stellen. So konstruieren sie sich ein inneres Handlungsschema (Hummel-Gaatz & Doll, 2007).

Die **Übungsphase** dient dem Erlernen einer bestimmten Tätigkeit. Die zu erlernende Tätigkeit wird dabei ausprobiert und geübt. Die anleitende Pflegeperson ist während der Übungsphase anwesend, kann Sicherheit vermitteln und bei Bedarf eingreifen, um bestimmte Handlungsschritte erneut zu zeigen bzw. zu korrigieren. Eine genaue Beobachtung durch die Pflegeperson ist notwendig, um eine entsprechende positive, bestärkende oder korrigierende Rückmeldung zu geben. Lob vermittelt Sicherheit und bestärkt die lernende Person in ihrem Verhalten. Werden die Patient*innen sowie deren Angehörige zunehmend selbstsicherer und selbstständiger, steht die Pflegeperson schließlich nur mehr für Rückfragen zur Verfügung und nimmt eine **Stand-by-Rolle** ein (Hummel-Gaatz & Doll, 2007).

Wird direkt an der Patientin bzw. am Patienten geübt, nimmt die Pflegeperson eine Vermittlerrolle ein. Sie ist Fürsprecherin der Patientin bzw. des Patienten und andererseits Fürsprecherin der Angehörigen. Es braucht auf beiden Seiten viel Fingerspitzengefühl, um das Wohlbefinden und die Bedürfnisse der Beteiligten im Auge zu behalten. Es ist Aufgabe der Pflegeperson, auf Misserfolgserlebnisse und Frustration entsprechend zu reagieren, indem sie immer wieder zu neuen Übungsschritten ermuntert und selbst kleine Fortschritte lobt (Hummel-Gaatz & Doll, 2007).

3.3.2 Evaluierung von Anleitungs- und Schulungsprozessen

Ein wesentlicher Punkt im Rahmen von Anleitungs- und Schulungsprozessen ist die anschließende Evaluation der Schulungs- oder Beratungsinhalte. Die durch die beratende Person vermittelten Informationen und Tätigkeiten können oftmals von dem, was die zu beratende Person schließlich verstanden hat, abweichen. Das bedeutet, dass das, was in einem Gespräch gesagt wurde, nicht zwingend das sein muss, was das Gegenüber gehört und verstanden hat. Ebenso kann eine vorgezeigte Tätigkeit, wie beispielsweise die Versorgung einer Wunde, letzten Endes von der ursprünglichen Demonstration abweichend umgesetzt werden. Daher ist es zielführend, zu evaluieren, ob der geplante Inhalt oder die zu lernende Tätigkeit sachgerecht umgesetzt werden kann.

Die Evaluationszeitpunkte können zeitlich versetzt stattfinden. Wichtig ist eine direkte Evaluation nach einer Schulungssequenz, indem sich die beratende Person die Tätigkeit von der lernenden Person noch einmal demonstrieren und erklären lässt (London, 2010). Ein späterer Zeitpunkt für eine Evaluation könnte u. a. nach der Entlassung – etwa bei einem erneuten Beratungstermin – oder kurz vor der Verlegung in eine andere Institution oder Abteilung liegen.

Die Evaluation soll der zu beratenden Person nicht das Gefühl vermitteln, dass sie sich in einer Art Prüfungssituation befindet. Vielmehr soll vermittelt werden, dass die Demonstration oder gemeinsame Wiederholung eine Hilfestellung sein soll – eine Hilfestellung zur kompetenten Selbsthilfe. Eine abschließende Methode, um nach einer Schulungssequenz noch einmal Hilfestellung anzubieten, wäre etwa die Formulierung einer Frage. Zum Beispiel könnte nachgefragt werden, ob es etwas gibt, das noch einmal vorgezeigt oder erklärt werden kann. Hinsichtlich der Evaluation zu einem späteren Zeitpunkt können Fragen hilfreich sein, die sich darauf beziehen, wo und vor allem welche Probleme und Hindernisse aufgetreten sind, aber auch Fragen darüber, was gut funktioniert hat. So kann überprüft werden, wo noch Schulungs- oder Informationsbedarf besteht (London, 2010).

Der letzte Schwerpunkt im Bereich der Edukation betrifft die Beratung im Rahmen der Edukation. Gespräche machen einen großen Anteil des Pflegealltags aus, finden aber meistens im Verborgenen statt, weil sie selten dokumentiert werden und auch in Zeitberechnungen keinerlei Berücksichtigung finden (Abt-Zegelin, 2012). Wie Gespräche in den Mittelpunkt rücken und an Relevanz in der Pflegepraxis gewinnen können, wird im anschließenden Kapitel beschrieben.

Nachfolgend wird ein Beispiel für die Erstellung eines Verlaufsplanes im Zusammenhang mit einer Beratungs- bzw. Schulungssequenz dargestellt. Der Verlaufsplan bezieht sich auf das Praxisbeispiel auf der Seite 64).

Schritt/ Zeit	Ziele/Lernergebnisse (Outcome)	Beratungs- bzw. Schulungsschritte/-inhalte	Methode	Medien/ Material
1 **10 min**	Frau H. erhält einen Überblick über die Inhalte der Beratungssequenz.	Begrüßung, Vorstellung der eigenen Person, Informationen zum geplanten Ablauf, Klärung von Erwartungen/Wünschen/Sorgen	Interaktionsgespräch	
2 **10 min**	Frau H. kennt pflegerische Unterstützungsangebote für den extramuralen Bereich sowie die Möglichkeit von finanziellen Unterstützungsangeboten.	• Informationssammlung zu Unterstützungsangeboten, welche von den pflegenden Angehörigen in Anspruch genommen werden können (z. B. Essen auf Rädern, Pflegegeld, häusliche Pflege) • Information bzgl. Unterstützungsangeboten für die häusliche Pflege (z. B. Möglichkeiten einer Hauskrankenpflege)	Interaktionsgespräch	Informationsbroschüren, Formulare
3 **15 min**	Frau H. zeigt Interesse und Bereitschaft sich Wissen zum Umgang mit einem Blasenverweilkatheter anzueignen, um die Durchführung von entsprechenden Pflegemaßnahmen zu erlernen und anzuwenden.	Informationen über • die Notwendigkeit eines Blasenverweilkatheters • Aufbau und Handhabung eines Blasenverweilkatheters sowie Harnauffangbeutels • Intimpflege bei liegendem Blasenverweilkatheter • Beobachtungskriterien des Harns (z. B. Farbe, Menge, Geruch)	Informationsgespräch, Vortrag, Visualisierung	Anschauungsmaterial, Informationsmaterial, evtl. Videosequenz

4 **15 min**	Frau H. kann den Harnauffangbeutel des Blasenverweilkatheters selbstständig entleeren und unter Berücksichtigung der Hygienemaßnahmen wechseln.	• Die Pflegeperson demonstriert den Umgang mit dem Blasenverweilkatheter in Bezug auf Positionierung, Entleerung und Wechsel des Harnauffangbeutels unter Berücksichtigung der Hygienemaßnahmen. • Die Angehörige führt die Entleerung des Harnauffangbeutels unter Anleitung selbstständig durch.	Demonstration	Blasenverweilkatheter, Harnauffangbeutel
5 **5 min**	Frau H. fühlt sich im Umgang mit dem Blasenverweilkatheter hinsichtlich der bevorstehenden Entlassung ins häusliche Setting sicher.	Reflexion/Evaluierung des Gelernten (Wissen): • Frau H. stuft ihr Sicherheitsgefühl im Umgang mit einem Blasenverweilkatheter mithilfe einer Skala von 1–10 ein.	Interaktionsgespräch, Reflexion	
6 **5 min**		Verabschiedung, Klärung von offenen Fragen Aushändigen einer Visitenkarte/Kontaktnummer bei Fragen	Interaktionsgespräch	Visitenkarten, Kontaktdaten

Tabelle 5: Beispiel für einen Verlaufsplan zum Praxisbeispiel von Seite 64

3.4 Beratung

Beratung kann als ergebnisoffener und dialogischer Prozess definiert werden, bei dem eine individuelle und bedürfnisgerechte Problemlösung vorbereitet wird (Abt-Zegelin, 2006b). Beratung bedeutet auch Interaktion zwischen zwei Personen – einer beratenden und einer ratsuchenden. Dabei soll zu einer bestimmten Frage bzw. zu einem Problem Wissen vermittelt, Orientierung gegeben und Lösungskompetenz entwickelt werden (Allwicher, 2009).

Beratung gilt im Unterschied zum problemanalysierenden Vorgehen in der traditionellen Psychotherapie als allgemeine Form der kommunikativen psychosozialen Hilfe. Kompetenzen von Patient*innen, die bereits vorhanden sind, werden innerhalb der Beratung genutzt, um das Alltagshandeln zu unterstützen. Beratung gilt heute als Überbegriff für alle Formen der Problemlösung, egal ob Einzelpersonen, Paare oder Familien Unterstützung suchen. Eine Therapie hingegen fokussiert auf Störungen, die einen Krankheitswert haben. Der Beruf der Psychotherapeutin bzw. des Psychotherapeuten ist gesetzlich verankert und erfordert eine curricular geregelte Ausbildung (Bamberger, 2015).

Im Kontext der Pflege kann Beratung als Beziehungsprozess zwischen beratenden Pflegepersonen, Patient*innen und deren Angehörigen beschrieben werden. Ziel ist die Unterstützung bei der Problembewältigung, der Problemlösung, bei Entscheidungen, beim Fördern, Entdecken und Nutzen von Ressourcen und bei der Auseinandersetzung mit veränderten Lebensumständen sowie daraus resultierenden Emotionen (Hummel-Gaatz & Doll, 2007). Die Beratungsansätze sind vielfältig und weitreichend. In der Pflege zeigt sich vermehrt, dass eine systemische Sichtweise auf Situationen, die von den Betroffenen gegenwärtig als problematisch erlebt werden, gut geeignet ist, um im Rahmen der Prozessberatung den Blickwinkel zu erweitern. Die systemische Perspektive zur Problemanalyse erscheint heutzutage auch in der Ausbildung von Pflegepersonen unabdingbar.

Praxisbeispiel – Beratung von Patient*innen

In einer pflegegeleiteten Sprechstunde werden Personen, die an Brustkrebs erkrankt sind, im Umgang mit Nebenwirkungen unterstützt und begleitet. Bei einem ersten Kontakt mit der betroffenen Person lernen sich diese und die Pflegeperson kennen und es wird eine vertrauensvolle Beziehung hergestellt, in welcher sich die betroffene Person öffnen kann. Im Gespräch wird deutlich, dass Energiemangel und Müdigkeit die Hauptprobleme der betroffenen Person sind. Es wird das Ziel vereinbart, zu Hause Energieräuber und Energiespender zu identifizieren und in einem Tagebuch festzuhalten. Dann wird ein weiterer Termin vereinbart.

Beratungsstellen in der Pflege haben zum Ziel, Informationen, Orientierung, Entscheidungs- und Problemlösungshilfe anzubieten, und orientieren sich an der Problemlage, der Lebenswelt und dem sozialen Umfeld von Patient*innen (Schaeffer & Schmidt-Kaehler, 2012).

Institutionalisierte Informations- und Beratungsstellen für Patient*innen dienen häufig der Aufklärung, wie Gesundheit aufrechterhalten werden kann oder wie gesundheitliche Beeinträchtigungen verhindert oder bewältigt bzw. wo und wie relevante Dienstleistungen oder Produkte genutzt werden können. Die Beratung dient der Orientierungs- und Entscheidungshilfe in Fragen zur Gesundheit bzw. Krankheitsbewältigung und der Gesundheitsversorgung (Schaeffer & Schmidt-Kaehler, 2012).

Bei der Beratung geht es darum, ratsuchende Personen zu unterstützen, Fragen zu klären oder Orientierung, Klarheit, Wissen bzw. Bearbeitungs-

und Bewältigungskompetenzen zu vermitteln (Schaeffer & Schmidt-Kaehler, 2012). Ziel der Beratung ist es, die Autonomie von Patient*innen zu fördern (Schaeffer & Schmidt-Kaehler, 2012).

3.4.1 Experten- und Fachberatung

Beratung wird oftmals in Anspruch genommen, um von der Kompetenz und dem Fachwissen von Expert*innen zu profitieren; dies wird als **Expertenberatung** bezeichnet. Dabei sind Fachwissen und Erfahrung auf einem bestimmten Gebiet erforderlich. Am Beginn der Beratung wird das Problem identifiziert. Wie die beratende Person dabei vorgeht und welche Detailinformationen zu dem Problem eruiert werden, ist von ihrer Ausbildung abhängig. Psycholog*innen oder Psychotherapeut*innen setzen dabei andere Schwerpunkte als Sozialarbeiter*innen oder Pflegepersonen. In der Regel werden Berater*innen auf ihrem Fachgebiet und mit ihrem Fachwissen versuchen, gemeinsam mit den Klient*innen eine Lösung für das bestehende Problem zu entwickeln (Bamberger, 2015). In der Expertenberatung werden Berater*innen als Fachpersonen ausgewählt, die mithilfe ihres Fachwissens eine Lösung für die Ratsuchenden entwerfen (Tietze, 2015). Die Beratung von Expert*innen wird auch als Fachberatung bezeichnet.

Die **Fachberatung** ist eine Dienstleistung, bei der speziell ausgebildete Fachleute mit ihrem Fachwissen ratsuchende Personen bei der Lösung von fachlichen Problemen unterstützen. Bei der Problemlösung geht es um den rationalen Ursache-Wirkungs-Zusammenhang. Hier steht die Sachlogik im Mittelpunkt der Aufmerksamkeit. Die Fachberatung orientiert sich an ökonomischen Zwecken wie beispielsweise der Schaffung von Mehrwert, der Steigerung des Nutzens, der Verbesserung der Effizienz und Effektivität und der Beseitigung von Defiziten (Königswieser et al., 2006). Fachberatung wird eingeholt, um bei Problemlösungen das Fachwissen der Berater*innen zu einem bestimmten Thema zu nutzen.

Das Fachwissen bleibt in einer Fachberatung jedoch wirkungslos, wenn nicht gemeinsam mit den Klient*innen an einer Lösung und ihrer Umsetzung gearbeitet wird. Die Lösungsstrategie aus der Fachberatung muss für die ratsuchende Person handhabbar sein; dafür ist das Einbeziehen der Betroffenen unumgänglich, und es braucht Spielraum für Interpretationen.

Fachberatung ist nicht nur für die Aussicht auf einen Perspektivenwechsel nützlich, sondern auch für seine Umsetzung. Eine wirkungsvolle Beratung hat die Aufgabe, Konzeption und Umsetzung zu integrieren. Gerade in Phasen der Veränderung ist intrinsische Motivation für die ratsuchende Person entscheidend (Königswieser et al., 2006). Bei der Experten- oder Fachberatung stellen Berater*innen ihr Wissen und ihre Expertise im Prozess der Problemlösung zur Verfügung und sind bei Lösungsstrategien behilflich; intrinsische Motivation ist jedoch nicht Teil der Fachberatung. Für die Umsetzung von Veränderungen ist der/die Klient*in selbst verantwortlich.

3.4.2 Prozessberatung

Prozessberatung basiert auf der philosophischen Grundhaltung des **Helfens** und auf der zentralen Annahme, dass einem menschlichen System nur dabei geholfen werden kann, sich selbst zu helfen.

Das bedeutet, dass eine beratende Person über die Situation eines Menschen nie alles wissen kann und empfohlene Lösungsmaßnahmen möglicherweise nicht zur erwünschten Behebung des Problems führen (Schein, 2010). Der ratsuchende Mensch ist Experte seiner eigenen Situation (Hausmann, 2005).

Beratung beginnt oftmals damit, dass die Klient*innen oder ihre Angehörigen feststellen, dass es ein Problem gibt. Dabei handelt es sich häufig um einen komplexen Prozess: die Problemkonstruktion. Der/die

Klient*in registriert einen Unterschied zwischen dem, was ist, und dem, was sein soll (Ist-Soll-Diskrepanz). Eigene Versuche, vom Ist zum Soll zu gelangen, schlagen fehl, wodurch die Aufmerksamkeit immer mehr auf das Problem gelenkt wird. In der Beratung geht es darum, in einem diagnostischen Prozess herauszufinden, was nicht gut läuft, und danach eine Lösung für das Problem zu konzipieren (Bamberger, 2015). Für den Prozessbeginn muss der Wunsch nach Verbesserung und Unterstützung vonseiten der Klientin bzw. des Klienten vorhanden sein. Der Beratungsprozess ist für den ratsuchenden Menschen hilfreich, um das Problem zu identifizieren, Maßnahmen zur konkreten Veränderung zu formulieren und letztlich eine Verbesserung der Situation zu erlangen (Schein, 2010).

Schein (2010) beschreibt drei Positionen, die eine Beraterin bzw. ein Berater während einer Beratungssituation einnehmen kann. Zum einen ist das die Expert*innenrolle, die darüber informiert, was in einer entsprechenden Situation zu tun ist. Zum anderen ist es die Berater*innenrolle, die mögliche Lösungen anbietet, d. h. Lösungen, welche von der Beraterin bzw. vom Berater als passend erachtet und folglich angeboten werden. Die dritte Möglichkeit ist jene der Prozessberatung. Hier wird unter direkter Miteinbeziehung der Klient*innen in den Prozess eine gemeinsame Prozessgestaltung geschaffen (Schein, 2010).

Für eine erfolgreiche Prozessgestaltung ist der Aufbau einer vertrauensvollen Beziehung wesentlich. Die Prozessberatung hat zum Ziel, die Lernfähigkeit der betroffenen Person im Rahmen des Prozesses zu erhöhen. Der/die Berater*in unterstützt den ratsuchenden Menschen dabei, auf eigene Stärken und Schwächen aufmerksam zu werden und diese zu identifizieren, um in einem nächsten Schritt Alternativen zu erarbeiten, damit Schwächen kompensiert werden können. Dadurch wird ein Lernprozess ermöglicht, der dahingehend befähigen soll, erlernte Fähigkeiten auch zukünftig einzusetzen (Schein, 2010).

Prozessberatung in der lösungsorientierten Beratung macht auf neue und andere Verhaltensweisen sowie Wahrnehmungen aufmerksam, die in Zusammenhang mit der Bewältigung eines Problems bzw. einer problematischen Situation stehen (de Shazer, 2012). Durch die Transparentmachung von Denk- und Handlungsmustern werden organisationsinterne Zielbestimmungen, gemeinsame Vorstellungen, Erwartungen sowie die Einigung und Umsetzung von Vorhaben eruiert. Die systemische Organisationsberatung hat zum Ziel, Lösungen für schwierige Anliegen und Probleme zu entwickeln. Bei diesem Ansatz der Beratung geht es um die respektvolle Einigung auf Entscheidungen und um die Umsetzung von gemeinsamen Zielen. Ziel in der Prozessberatung ist das Erlangen einer erweiterten Handlungsoption. Reflexion und Feedback sind dafür unabkömmlich. Durch das Darlegen der eigenen Denk- und Handlungsoptionen, das Verstehen der Entstehung von Problemen sowie die Verbesserung von Fähigkeiten der Kommunikation und Problemlösung werden nachhaltige Lösungen entwickelt (Königswieser et al., 2006).

In der Prozessberatung wird der ratsuchende Mensch als Experte für sein Problem angesehen. Mithilfe der beratenden Person wird das Problem analysiert und werden mögliche Lösungen erarbeitet, wobei der/die Klient*in entscheidet, was in welcher Form umgesetzt wird. Die ratsuchende Person ist verantwortlich für die Umsetzung einer Lösung. Aufgabe der beratenden Person ist es, dem Beratungsgespräch durch gezielte Fragen und geeignete Beratungsmethoden eine Struktur zu geben und dem ratsuchenden Menschen bei der Klärung von Problemen behilflich zu sein. Berater*innen sollten in der Prozessberatung eine neutrale Haltung einnehmen und können Lösungsangebote aufzeigen. Der/die Klient*in entscheidet jedoch selbst, ob ein Angebot angenommen oder abgelehnt wird. In der Prozessberatung soll die ratsuchende Person ihre Kompetenzen erweitern sowie Situationen strukturieren und reflektieren, um Probleme in Zukunft selbstständig lösen zu können (Tietze, 2015).

Bei der Prozessberatung wird der Problemlösungsprozess der zu beratenden Person gestaltet, indem diese das Problem mithilfe der beratenden Person bearbeitet und Lösungen entwickelt. Bei dieser Beratungsform macht sich der/die Berater*in Methoden aus dem Coaching, der Moderation oder der Psychotherapie zunutze. Das Bestreben der Prozessberatung liegt darin, Problemlösungen effizienter und effektiver zu erarbeiten (Tietze, 2015).

3.4.3 Komplementärberatung

Mit **komplementär** ist das Verhältnis gemeint, in dem Dinge und Eigenschaften zueinander stehen, also die Zusammengehörigkeit von sich ergänzenden Eigenschaften eines Objekts. Es geht hier um ein gutes Miteinander bei der Zielerreichung. Das komplementäre Beraterprofil soll Fachwissen und Prozesswissen vereinen. Die Fachberatung braucht das nötige Expertenwissen und eine fundierte Ausbildung, während die Prozessberatung über gutes Basiswissen und Erfahrung auf der Prozessebene verfügen soll (Königswieser et al., 2006). Ein Beratungssystem ist komplementär, wenn zwei oder mehrere Gesprächspartner zusammenkommen und in kooperativer Art und Weise über ein Beratungsanliegen sprechen (Bamberger, 2015).

Der komplementäre Beratungsansatz ist ein Zusammenwirken von Fach- und Prozessberatung, der sowohl die Erarbeitung als auch eine reflexiv-nachhaltige Entwicklung und Umsetzung von Lösungskonzepten umfasst. Dieser Beratungsansatz beinhaltet einerseits Fakten (Was ist Inhalt der Beratung?) wie inhaltliche Analysen und Bewertungen anhand von Zahlen, die Beschreibung von Zielen, Strategien, Maßnahmen und Instrumenten, und andererseits die Wirkung (Wie gestaltet sich der Beratungsprozess?). Damit sind das gezielte Miteinbeziehen der betroffenen Personen, der Kommunikationsprozess, die Denk-, Verhaltens- und Interaktionsmuster sowie die Konflikte und Barrieren in der Umsetzung von Lösungskonzepten gemeint. In der komplementären Beratung geht es um das bewusste Gestalten und Zusammenwirken von Inhalt und Prozess sowie von Fakten (wie etwa der Sachlage) und sozialen Faktoren (wie der Kommunikation und der zwischenmenschlichen Interaktion) (Königswieser et al., 2006).

In der Beratung geht es oftmals darum, mit Unsicherheiten und Veränderungen zurechtzukommen. Deshalb brauchen Berater*innen ein hohes Maß an Flexibilität und die Bereitschaft zur Veränderung. Die Komplementärberatung setzt sich aus der Fach- und der Prozessberatung zusammen (siehe Kapitel 3.4.1 und 3.4.2). Für eine erfolgreiche Komplementärberatung ist die Fachberatung allein nicht ausreichend. Neben dem fachlichen Know-how ist eine Prozessoptimierung anzustreben. Erst die Verbindung von Inhalt und Prozess durch reflexives Einzel- und Gruppencoaching macht eine erfolgreiche Komplementärberatung möglich (Königswieser et al., 2006).

Der/die Berater*in liefert das Prozesswissen und unterstützt Klient*innen im Veränderungsprozess. Er/sie steht den Betreffenden bei der Entwicklung von Veränderungsprozessen unterstützend zur Seite. Ziel dieser Beratungsform ist es, dass die ratsuchende Person selbstorganisiertes und selbstverantwortliches Handeln erlernt. Die Anforderungen an die Beratung sind in der Komplementärberatung sehr hoch, sodass in komplexen Situationen mehrere Berater*innen mit unterschiedlicher Expertise zum Einsatz kommen können.

Hierfür werden unterschiedliche Spezialisierungsstufen der Fach- und Prozessberatung beschrieben (Königswieser et al., 2006):

- Berater*innen mit Führungserfahrung sowie mit Erfahrung in der Begleitung von Veränderungsprozessen (Changemanagement). In Bezug auf die Pflege zählen dazu Führungskräfte, Pflegeberater*innen oder auch Advanced Practice Nurses,

- Berater*innen mit speziellen Ausbildungen wie einer Spezialisierung in der Prozessberatung, z. B. durch Coaching von Mitarbeiter*innen. In der Gesundheits- und Krankenpflege gehören dazu insbesondere Pflegepersonen mit Spezialisierung etwa auf Wundmanagement, Stoma- und Inkontinenzberatung oder Entlassungsmanagement sowie Diabetesberater*innen oder auch Pflegepersonen, die Lernende anleiten;
- Berater*innen als Expert*innen für bestimmte Teilbereiche, wie z. B. Pflegepersonen in der Pflegeaufsicht oder die Patientenanwaltschaft, haben hier eine wichtige Funktion.

Praxisbeispiel

Eine onkologische Patientin mit der Diagnose Diabetes und einem Urostoma wird aufgrund ihrer komplexen Pflegesituation immer wieder stationär in einem Krankenhaus aufgenommen. Beim letzten Krankenhausaufenthalt hat man entschieden, Pflegepersonen mit unterschiedlicher Expertise in den Pflegeprozess zu integrieren und die Patientin in Bezug auf Diabetes und das Handling des Urostomas zu schulen. Des Weiteren wurde über den gesamten Aufenthalt eine Pflegeberatung mit onkologischem Schwerpunkt durchgeführt, für die Zeit nach der Entlassung weitere ambulante Beratung angeboten sowie eine mobile Palliativbetreuung organisiert. Dadurch konnten die in der Vergangenheit regelmäßigen Einweisungen ins Krankenhaus vermieden werden.

Berater*innen in der Komplementärberatung verfügen über unterschiedliche Spezialisierungen. Dabei kommt das Zusammenwirken von Experten- und Prozessberatung zum Ausdruck. Das Wissen der beratenden Person dient den Klient*innen zur **Kompensation**, um Zielvereinbarungen umsetzen zu können. Ist das Wissen der ratsuchenden Person nicht ausreichend, wird das nötige Know-how von den Berater*innen zur Verfügung gestellt. Um den Kompensationsbedarf zu eruieren, braucht es Feedbackprozesse und Reflexion. Bei erfolgreicher Beratung übernimmt die ratsuchende Person den Veränderungsprozess zunehmend selbstständig (Königswieser et al., 2006).

Bei der beabsichtigten Wirkung der Komplementärberatung geht es nicht nur um Ziele wie Zeit und Verfügbarkeit von Ressourcen, sondern auch um die Wirkung auf die Zukunfts- und Problemkompetenz sowie um die Lernfähigkeit. Wichtige Voraussetzung für die Berater*innen der Komplementärberatung ist ein reflexiver Umgang mit Komplexität und Unsicherheit. Deshalb ist die komplementäre Beratung für komplexe und herausfordernde Situationen besonders geeignet.

Ein wichtiger Punkt für den Erfolg der Komplementärberatung ist auch eine sorgfältige Vorbereitung. Dazu gehören die gemeinsame Hypothesenbildung, Diskussionen über den Inhalt der Beratung, eine Rollenklärung, das Durchdenken von Worst-Case-Szenarien, die Ablaufbesprechung, die Ressourcenplanung sowie die Reflexion der Beteiligten. Für eine erfolgreiche Umsetzung der Komplementärberatung ist eine freiwillige Zusammenarbeit von Berater*innen und Klient*innen erforderlich; dies steigert die Motivation im Beratungsprozess und fördert die Integration von neuem Wissen. Gegenseitiges Vertrauen und eine wertschätzende Haltung sind für die Komplementärberatung unumgänglich. In komplexen Situationen sind mehrere Berater*innen zur Kompetenzerweiterung für die Problemlösung optimal. Für eine erfolgreiche Zusammenarbeit der Berater*innen in der Komplementärberatung hat es sich bewährt, regelmäßig Feedbackgespräche oder Supervisionen zu organisieren (Königswieser et al., 2006).

4 Beratungsprozess

Die Beratung wird als Prozess verstanden, wobei nicht zwingend jede Beratung dem vorgegebenen Ablauf folgen muss. In der Literatur findet man verschiedene Modelle von Beratungsprozessen, die eine unterschiedliche Anzahl von Phasen aufweisen. Das Beratungsmodell nach Hummel-Gaatz und Doll besteht aus sechs Phasen (Hummel-Gaatz & Doll, 2007).

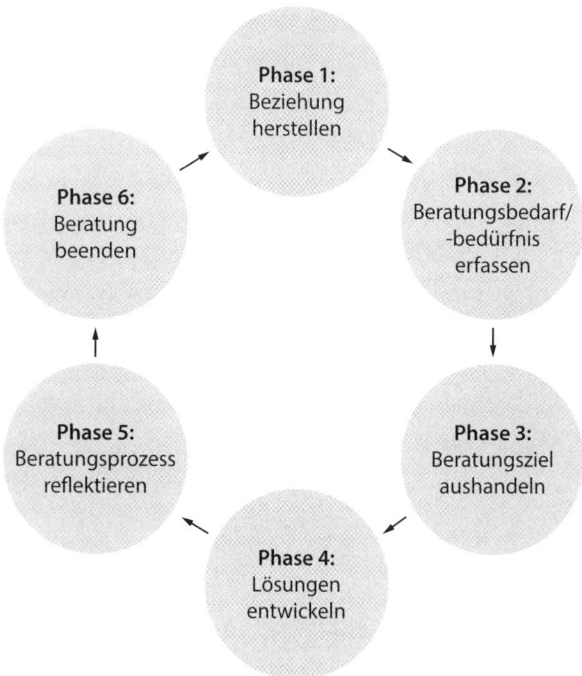

Abbildung 5: Beratungsprozess (Hummel-Gaatz & Doll, 2007, S. 29)

Eine professionelle Beratung folgt in der Regel einem systematischen Aufbau, der vom Erstgespräch über die Problemdefinition und die Entscheidung von Interventionen bis zum reflektierten Abschluss reicht und dies im Beratungsprozess thematisiert (Schaeffer & Schmidt-Kaehler, 2012). Die einzelnen Schritte im Beratungsprozess werden nachfolgend dargestellt.

Phase 1: Beziehung herstellen

In der ersten Phase ist der Aufbau gegenseitigen Vertrauens und das Herstellen einer Beziehung von Bedeutung. Hier wird die Basis für den weiteren Beratungsverlauf festgelegt; daher ist es wichtig, sich für diese Phase Zeit zu nehmen und sich ihr intensiv zu widmen (Büker, 2015). Für das Herstellen einer tragfähigen zwischenmenschlichen Beziehung sind **Akzeptanz** und **Verstehen** Voraussetzung. Akzeptanz meint die uneingeschränkte Wertschätzung anderer Menschen. Ein Beratungsgespräch kann bei ratsuchenden Personen unterschiedliche Emotionen auslösen, wenn sie darüber sprechen, was sie bewegt. Als beratende Pflegeperson muss man davon ausgehen, dass Menschen in den Situationen, vor die sie sich gestellt sehen, bestmöglich handeln und deshalb nicht zu verurteilen sind. Eine akzeptierende Haltung schließt jedoch nicht aus, den Klient*innen ihr ineffektives Handeln vor Augen zu führen. Akzeptanz als Haltung ist die Fähigkeit, das anzunehmen, was der/die Klient*in in den Beratungsprozess mitbringt, ohne darüber zu urteilen. Verstehen meint, dass die beratende Person sich stets in die Lebenswelt der Klient*innen hineinversetzt. Um die Sichtweise der ratsuchenden Person zu verstehen, bedarf es der Fähigkeit, verschiedene Perspektiven einzunehmen. Akzeptanz und Verstehen sind Kernelemente in der Beratung und spiegeln Grundwerte wider, die in Gesprächssituationen verbal und nonverbal zum Ausdruck gebracht werden. Diese entscheidende Phase ist für den weiteren Beratungsprozess prägend. Eine vertrauensvolle und partnerschaftliche Beziehung kann den weiteren Prozess der Beratung positiv beeinflussen (Culley, 2015). In der ersten Phase des Beratungsgespräches ist es von Bedeutung die Patient*innen zu ermutigen, ihr Problem möglichst im Detail zu beschreiben, um ein gemeinsames Problemverständnis zu erlangen, Ressourcen und Stärken bewusst zu machen und die Erwartungen und Ziele der Beratung zu eruieren (Schaeffer & Schmidt-Kaehler, 2012).

Eine professionelle Beziehung in der Beratung ist gekennzeichnet durch eine persönliche Beziehung, eine klare Rollenverteilung (Berater*in, Ratsuchende*r), eine Abgrenzung von zu großer Nähe und Abhängigkeit sowie eine zeitliche Begrenzung (Schaeffer & Schmidt-Kaehler, 2012). Für die Beratung ist ein kooperativer und partizipativer Beziehungsstil, in dem ein anerkennender, wertschätzender und verständnisorientierter Umgang zur Anwendung kommt, wichtig (Schaeffer & Schmidt-Kaehler, 2012).

Hinweise für die Praxis: Einstiegssätze in die Beratung

Der Einstieg in das Beratungsgespräch ist von Bedeutung, ja oftmals sogar entscheidend für den weiteren Verlauf. Hilfreiche Anfangssätze können sein (Beushausen, 2016):

- Was führt Sie zu mir?
- Was ist Ihr Anliegen?
- Was kann ich heute für Sie tun?
- Wobei kann ich Sie heute unterstützen?
- Meine Expertise auf dem Gebiet ist …
- Was sollte heute passieren, damit dieses Gespräch für Sie nützlich ist?
- Was möchten Sie am Ende des Gesprächs geklärt haben?
- Was erwarten Sie von diesem Gespräch?

- Woran wäre ersichtlich, dass dieses Gespräch hilfreich für Sie war?
- Wie ist es Ihnen seit dem letzten Gespräch ergangen?
- Beim letzten Gespräch haben Sie eine Hausaufgabe erhalten …
- Welche Frage sollte Ihrer Meinung nach zuerst geklärt werden?
- Welche Fragen sollen wir heute zuerst bearbeiten?

Phase 2: Beratungsbedarf/-bedürfnis erfassen

In dieser Phase kommt es zur Definition des Problems sowie zur Bedarfs- und Bedürfnisermittlung hinsichtlich des weiteren Beratungsprozesses. Diese Phase ist geprägt von der ausführlichen Informationssammlung sowie von der Beobachtung und Wahrnehmung der beratenden Person. Wichtig in dieser Phase ist, dass es um die nähere Betrachtung des Problems bzw. Beratungsanliegens geht und dass anhand vertiefender Informationen das genaue Anliegen eruiert wird. Ansonsten besteht die Gefahr, dass kein echtes Beratungsgespräch zustande kommt, weil es sich eher um eine oberflächliche Informationssammlung handelt (Büker, 2015). Für eine effektive Zusammenarbeit in der Beratung braucht es die Einsicht der ratsuchenden Person in das Anliegen oder Problem, das geklärt werden soll. Dafür ist eine klare und präzise Festlegung des zu bearbeitenden Themas erforderlich. Die Klärung des Problems ist für die Betroffenen nicht immer eindeutig, bleibt jedoch ein Anliegen während des gesamten Beratungsprozesses und kann sich im Laufe der Bearbeitung aufgrund neu gewonnener Informationen verändern. Für die beratende Person ist dabei wichtig, die Probleme bzw. Anliegen zu ordnen, offen für neue Hinweise zu sein und voreilige Resultate sowie die Aufstellung nicht erwiesener Hypothesen zu unterlassen. Gerade die Phase der Klärung und Eingrenzung des Beratungsbedarfs ist für ein gemeinsames Verständnis der Beratungsthemen und für die Zielvereinbarung von Bedeutung (Culley, 2015).

Phase 3: Beratungsziele aushandeln

Nach der Problemdefinition geht es in dieser Phase um die gemeinsame Zielvereinbarung zwischen beratender und ratsuchender Person. Die Ziele müssen konkret und realistisch formuliert werden, sodass sie auch erreichbar sind. In komplexen Situationen ist das Setzen von Zwischenzielen empfehlenswert (Büker, 2015). Diese ermöglichen eine etappenweise Realisierung der Ziele. Für die Annäherung an das Beratungsziel werden unterschiedliche Strategien wie beispielsweise die Exploration oder das Setzen von Prioritäten beschrieben. Mittels Exploration soll das Anliegen der Klientin bzw. des Klienten geklärt werden. Einerseits ist dafür wichtig, dass Ratsuchende ermutigt werden, ihr Anliegen frei zu verbalisieren, und dass beratende Pflegepersonen ihre Klient*innen darin bestärken, Gedanken, Gefühle und Verhaltensweisen offen zu äußern. Andererseits hat die beratende Person die Aufgabe, die Klient*innen bei unklaren Aussagen zu unterstützen, um zu einem konkreten Ziel zu gelangen, sowie die Stärken, Schwächen und Ressourcen der Person zu eruieren. Anschließend wird durch das Setzen von Prioritäten gemeinsam mit der ratsuchenden Person entschieden, welches der Probleme bzw. Anliegen vorrangig behandelt werden und deshalb im Fokus des Beratungsgesprächs stehen soll (Culley, 2015). Ziele aus der Integrativen Therapie können als Anhaltspunkt für die Zielbildung in der Beratung dienen.

In der Integrativen Therapie werden folgende Richtziele formuliert:

- *„Restitution (Wiederherstellung) von durch Störung beschädigter Kompetenz und Performanz,*
- *Bewältigung/Coping als Hilfe bei irreversiblen Störungen und Einschränkungen,*
- *Prophylaxe als präventive Maßnahmen, um Störungen oder Erkrankungen zu vermeiden,*
- *Entwicklung als Maßnahme zur Förderung von persönlichen Potenzialen.*

- *Ein soziotherapeutisches Spektrum greift noch weiter. Inhalte müssen jeweils bezogen auf Persönlichkeit/Kontext/Kontinuum spezifisch erarbeitet werden.*
- *Das Zielspektrum beschränkt sich nicht nur auf ‚reparative' Maßnahmen, sondern schließt eine Förderung der Gesundheit, des Wohlbefindens und der Leistungsfähigkeit ein.*
- *Hieraus ergeben sich dann Interventionsziele wie: Heilen (curing), Stützen (supporting), Bewältigungshilfe (coping), Horizonterweiterung (enlargement), Verbesserung der Lebensqualität (enrichment) und Förderung der Selbstbestimmung und persönlichen Souveränität (empowerment)."* (Beushausen, 2016, S. 180)

Ziele in der Beratung müssen individuell auf die Klient*innen und in Bezug auf ihre Lebenslage realistisch formuliert werden. Denn nur mit einer präzisen und realistischen Zielformulierung kann man erkennen, wann und wie diese Ziele erreicht werden sollen. Realistische Ziele brauchen emotionale, physische, psychische und finanzielle Ressourcen. Das soziale Netzwerk der ratsuchenden Person spielt in der Ressourcenerhebung eine bedeutende Rolle. Woran erkenne ich jedoch, dass ich mein Ziel erreicht habe? Durch das Operationalisieren der Ziele soll der Fortschritt in der Zielerreichung besser eingeschätzt werden können (Culley, 2015). Je genauer und präziser die Zielerreichung formuliert wird, umso deutlicher wird der Weg zu ihr erkennbar. Die konkrete Vereinbarung von Zielen dient der Kontrolle und Evaluation im Beratungsverlauf (Schaeffer & Schmidt-Kaehler, 2012).

Phase 4: Lösungen entwickeln

Ratsuchende Personen sollen ihr Problem/Anliegen aus einer neuen Sichtweise sehen, um Handlungsalternativen zu erschließen. In dieser Phase werden die notwendigen Korrekturen identifiziert. Berater*innen haben die Aufgabe, nicht nur mögliche Wege zur positiven Veränderung aufzuzeigen, sondern die Klient*innen dabei zu unterstützen, den Veränderungsprozess einzuleiten und mögliche Ressourcen zu eruieren. Um einen Wandel herbeizuführen, müssen Unternehmungen vorangetrieben werden. Die beratende Person hat dabei die Aufgabe, in Erfahrung zu bringen, was der/die Klient*in verändern kann und will, um sein/ihr Ziel zu erreichen. Welche der Alternativen sind für die ratsuchende Person angemessen und akzeptabel und können in den Tagesablauf integriert werden?

Nachdem die Klient*innen sich für ein oder mehrere Ziele entschieden haben, geht es an die Umsetzung, also an die Planung und das Abwägen der Handlungsmöglichkeiten. Um Handlungen in Gang zu bringen, braucht es manchmal ein passendes Belohnungssystem oder ein unterstützendes Netzwerk. Belohnungen können ratsuchenden Personen helfen, ihr Engagement im Veränderungsprozess aufrechtzuerhalten. Berater*innen können ihre Klient*innen belohnen, indem sie positive Veränderungen thematisieren und die Ratsuchenden loben. Für die betroffenen Personen kann eine Dokumentation in Form von Tagebüchern oder Veränderungsnotizen den eigenen Fortschritt aufzeigen. Die Unterstützung im Veränderungsprozess sollte aber nicht nur durch die beratende Person erfolgen, sondern auch durch Freund*innen, Familie oder Arbeitskolleg*innen. Ein soziales Netzwerk zur Unterstützung dient sowohl zur praktischen Hilfe als auch zur Belohnung (Culley, 2015). Die Umsetzung von Veränderungen kann zu einer Herausforderung werden, die die Unterstützung von Pflegepersonen oder Angehörigen erfordert.

Die beratende Pflegeperson entwickelt gemeinsam mit den Klient*innen Lösungen für das Problem oder Anliegen. Hierbei geht es um das Herausarbeiten von Alternativen sowie ihren Vor- und Nachteilen, und schließlich werden konkrete Handlungsalternativen gemeinsam erarbeitet. Der/die Berater*in hat in dieser Phase die Aufgabe, der ratsuchenden

Person notwendige Informationen zu geben, gegebenenfalls Fragen zu stellen, Ressourcen zu eruieren und zur Lösungsentwicklung zu ermutigen (Büker, 2015).

Phase 5: Beratungsprozess reflektieren

In Phase fünf der Beratung geht es darum, zu reflektieren, ob das Problem gelöst werden konnte. Es wird also über den Beratungsprozess reflektiert. Wurden die gesetzten Ziele erreicht? Falls dies nicht der Fall ist, gilt es, der Frage nach dem Warum nachzugehen. Es kann sein, dass das genannte Problem lediglich für ein tieferes Problem steht oder dass für die Umsetzung von Handlungsalternativen zu wenig Zeit eingeplant wurde. Berater*innen haben dabei die Aufgabe, ihre Klient*innen dabei zu unterstützen, den Veränderungsprozess aufrechtzuerhalten, indem sie sie motivieren, an der Zielerreichung weiterzuarbeiten. In dieser Phase soll jedoch nicht nur über den Erfolg reflektiert werden, sondern es geht auch um das Erkennen von Situationen, in denen der/die Klient*in in sein/ihr altes Verhalten zurückfällt, sodass diese ins Bewusstsein gelangen und alte Verhaltensmuster vermieden werden können. Die ratsuchende Person sollte auch ein System der inneren Belohnung erlernen, sei es durch Selbstlob im Zusammenhang mit positiven Resultaten oder durch die Dokumentation von Fortschritten im Veränderungsprozess (Culley, 2015). Berater*innen und ratsuchende Personen reflektieren für sich, was gut und was weniger gut gelaufen ist und was sie anders machen würden.

In dieser Phase werden die bisherigen Ergebnisse aus dem Beratungsgespräch zusammengefasst und konkrete Vereinbarungen getroffen. Die beratende und die ratsuchende Person reflektieren über den bisherigen Verlauf und die Zufriedenheit mit der Beratung. In der professionellen Beratung ist eine spätere Selbstreflexion Teil des Beratungsprozesses (Büker, 2015).

Phase 6: Beratung beenden

Das Ende einer Beratung ist zumeist dann erreicht, wenn Klient*innen keine Unterstützung mehr benötigen und mit ihren Problemen gut zurechtkommen. Das Ende der Beratung sollte geplant werden, und beide Seiten, die beratende Person und die ratsuchende Person, sollten sich darüber einig sein, die Beratungsbeziehung beenden zu wollen. Diese Phase sollte Raum für Gefühle wie Traurigkeit geben. Nicht alle Beraterbeziehungen enden in einem erfolgreichen Beratungsprozess, sondern es wird auch Beratungen geben, in denen der Prozess nicht vollständig abgeschlossen ist, beispielsweise weil der/die Klient*in vorzeitig aufhören will oder weil die betroffenen Personen keine partnerschaftliche Beziehung herstellen können. Für diesen Fall kann der/die Berater*in die ratsuchende Person bei der Suche nach einer neuen Beratung und beim Aufzeigen der positiven Schritte in der Beratung unterstützen. Der/die Klient*in hat natürlich das Recht, die Beratung vorzeitig zu beenden, was von der beratenden Person zu respektieren ist (Culley, 2015). Die nachfolgenden Fragestellungen können für das Abschlussgespräch hilfreich sein.

Hinweise für die Praxis – Abschlussfragen in der Beratung (Beushausen, 2016):

- Welche Ziele wurden erreicht?
- Welche Veränderungen waren möglich?
- Was muss die beratende Pflegeperson bzw. die Beratungsstelle leisten, damit Sie zufrieden aus der Beratung hervorgehen?
- Wie lange möchten Sie die Unterstützung in Anspruch nehmen?
- Wie sollte Ihrer Meinung nach die Beratung abgeschlossen werden?

Die Beratung wird beendet, indem die ratsuchende Person weitere Möglichkeiten zur Unterstützung erhält. Diese Unterstützung muss nicht von der beratenden Person selbst kommen, sondern kann auch von anderen Organisationen oder Expert*innen übernommen werden, wie z. B. Stomaberatung, psychologische Beratung usw. Im Idealfall wird das Gespräch in einer Weise abgeschlossen, die für beiden Seiten akzeptabel ist (Büker, 2015). Das Einbeziehen von anderen Expert*innen findet in der Pflegeberatung zunehmend Anklang.

In der folgenden Tabelle werden abschließend die Ziele und einzelnen Aktivitäten eines Beratungsprozesses übersichtlich dargestellt.

Beratungsphase	Ziel der Phase	Aktivitäten von Berater*innen
1. Beziehung herstellen	• Vertrauensbildung • Informationen sammeln	• Kontakt herstellen (Begrüßung, Smalltalk) • gleichberechtigte Beziehung entwickeln • auf den jeweiligen Menschen einstellen
2. Beratungsbedarf/ -bedürfnisse erfassen	• Hypothesen aufstellen und prüfen • Situation analysieren • Einflussfaktoren erkennen • Pflege- bzw. Beratungsdiagnosen stellen • Probleme gemeinsam definieren	• Informationen, Daten sammeln • wahrnehmen/beobachten • Fragen stellen und Person erzählen lassen • nachspüren, einfühlen • Informationen und Erleben strukturieren, clustern, bewerten • Probleme benennen und besprechen (aus Sicht der beratenden Person)

3. Beratungsziele aushandeln	• klären, was erreicht werden soll und kann • Erwartungen der zu beratenden und Erkenntnisse der beratenden Person ausbalancieren	• Erkenntnisse zusammenfassen • Optionen darstellen • realistische Zielvorstellungen gemeinsam verhandeln (evtl. auch in der nächsten Phase)
4. Lösungen entwickeln	• wertschätzendes Beratungsgespräch führen • Gefühle klären und verstehen • biografischen Zusammenhang herstellen • subjektive Deutung der Problemsituation herausarbeiten • Hintergrundwissen vermitteln • neue Erkenntnisse gewinnen • Ressourcen entdecken • Handlungsmöglichkeiten erkennen	• Fragen formulieren • aktiv zuhören, informieren, instruieren • paraphrasieren, verbalisieren • sprachlich an die beratende Person anpassen (Alltagssprache statt Fachsprache) • gemeinsam Lösungen suchen • Alternativen entwickeln • keine Ratschläge geben • abwägen: Nutzen – Aufwand – Ziel • stützen, bestätigen, ermuntern • neugierig und offen sein
5. Beratungsprozess reflektieren	• Ziel und Erfolg der Beratung bewerten • Zufriedenheit der zu beratenden Person erfassen • Vereinbarungen treffen • Beratungsprozess (gemeinsam) reflektieren	• Beratungsprozess und Ergebnisse zusammenfassen • nachfragen: Wie war das Gespräch? Was waren die wichtigsten Erkenntnisse? • eigenes Verhalten hinterfragen, Prozess von außen betrachten
6. Beratung beenden	• Beratungsgespräch dokumentieren und beenden • verabschieden	• Veränderungsprozess begleiten • beim Selbstständig-Werden unterstützen • weitere Angebote machen

Tabelle 6: Übersicht Beratungsprozess

5 Formalisierungsgrade in der Beratung

Beratung ist stets ein Bestandteil zwischenmenschlicher Kommunikation und findet nicht immer in einem professionellen und wissenschaftlich fundierten Kontext statt. Auch im alltäglichen Austausch in der Familie oder in der Arbeit berät man sich gegenseitig (Nestmann, 2007). Um die Unterscheidung von Alltagsberatung und professioneller Beratung deutlich zu machen, wird auf die Formalisierungsgrade von Beratung eingegangen.

Es werden drei Formalisierungsgrade unterschieden (Nestmann, 2007):

- informelle Beratung
- halb formalisierte Beratung
- formelle Beratung

Informelle Beratung ist dadurch gekennzeichnet, dass sich die Personen aufgrund einer bereits bestehenden Beziehung kennen und miteinander vertraut sind; z.B. Familie, Freund*innen, Nachbar*innen oder Kolleg*innen. Sie befinden sich in einer gemeinsamen Lebenswelt. Diese Form der Beratung wird auch als spontane und natürliche Hilfebeziehung bezeichnet. Bei einer Selbsthilfegruppe oder bei ehrenamtlich tätigen Personen handelt es sich um gezielte und organisierte Beratungskonstellationen, die auch zur informellen Beratung zählen (Nestmann, 2007).

Beispiel informelle Beratung

Es findet spontan über den Gartenzaun hinweg ein Gespräch zwischen einer Pflegeperson außer Dienst und ihrer Nachbarin statt.

Halb formalisierte Beratung erfolgt in einem professionellen Kontext, d.h. Beratung wird im Rahmen einer professionellen Funktion ausgeübt, beispielsweise durch Pflegepersonen in einem beruflichen Setting. Es werden Fachwissen und Erfahrungswissen zur Verfügung gestellt (Nestmann, 2007) und für Beratungssituationen herangezogen. Im Kontext Pflege findet sich halb formalisierte Beratung im Pflegeprozess wieder (Hüper & Hellige, 2009). Der Übergang zur formalisierten Beratung ist in der Praxis oft nicht eindeutig festzulegen (Nestmann, 2007).

Beispiel halb formalisierte Beratung

Eine Pflegeperson begrüßt im Rahmen des Aufnahmegespräches neu aufgenommene Patient*innen und befragt sie hinsichtlich ihrer Schlafgewohnheiten zu Hause. Dadurch entwickeln sich unterschiedliche Informationsgespräche zum Thema Schlafhygiene.

Formalisierte Beratung erfolgt durch in Beratungsangelegenheiten professionell ausgebildete Personen, die auch in der Öffentlichkeit als Berater*innen bezeichnet werden. Die Tätigkeit professioneller Berater*innen ist wissenschaftlich begründet und folgt einer bestimmten Methodik (Nestmann, 2007). Sie stellt ein theoriegeleitetes Beratungsangebot dar und folgt einem pflegerischen Beratungskonzept (Hüper & Hellige, 2009).

Beispiel formalisierte Beratung

Eine Advanced Practice Nurse vereinbart mit Patient*innen Termine für ein individualisiertes und systematisch gestaltetes Informations- und Schulungsgespräch zu unterschiedlichen Themenbereichen, wie etwa dem Symptom- und Medikamentenmanagement nach einem Herzinfarkt. Das Gespräch basiert auf den Grundregeln der personenzentrierten Gesprächsführung und erfolgt nach den Schritten und Prinzipien eines lösungsorientierten Beratungsprozesses.

6 Beratungssetting

Das Beratungssetting in der Pflege kann vielseitig sein. Pflegerische Beratungsgespräche können in verschiedenen Settings stattfinden, z. B. im Patient*innenzimmer, in einem Büro, Beratungszimmer, Untersuchungsraum und/oder in der häuslichen Umgebung von Patient*innen. Was wird jedoch unter dem Begriff Beratungssetting verstanden? Warum ist eine Auseinandersetzung mit dem Setting der Beratung relevant? Was ist beim Einrichten eines Beratungszimmers zu berücksichtigen?

Der Begriff „Setting" kommt aus dem Englischen und bedeutet „Rahmen" oder „Umgebung". Er meint die Gesamtheit von Merkmalen einer Umgebung, also den Rahmen, in dem etwas stattfindet und erlebt wird. Ursprünglich wurde der Begriff dafür verwendet, den örtlich-zeitlichen Rahmen eines Romans oder Theaterstücks darzustellen. Im Kontext Beratung bezieht er sich jedoch auf die räumlich-zeitlichen Bedingungen und das professionell hergestellte Arrangement der Beratungskommunikation, das Auswirkungen auf den Beratungsprozess hat (Großmaß, 2007).

Sich vor jeder Beratungssituation mit dem Beratungssetting auseinanderzusetzen, ist für die Planung eines pflegerischen Beratungsgesprächs wertvoll. Die konkreten Überlegungen zur Gestaltung des Beratungssettings nehmen Einfluss auf die Atmosphäre des Gesprächs und wirken sich somit nicht nur unweigerlich auf die Beratungssituation (Reibnitz, Sonntag & Strackbein, 2017), sondern vor allem auch auf das Wohlbefinden der zu beratenden Person aus. Das Beratungssetting ist milieuspezifisch geprägt und entfaltet darin entsprechend seine Wirkung (Großmaß, 2007).

Abhängig von den Möglichkeiten, die ein Beratungssetting zulässt, wird sich die Umgebung, in der das pflegerische Beratungsgespräch stattfindet, unterschiedlich gestalten lassen. Es gibt keine Richtlinien, die bestimmend für die Errichtung einer Beratungsstelle sind. Überlegungen richten sich diesbezüglich vor allem nach der potenziellen Zielgruppe, für die das Beratungsangebot gedacht ist. Die Vorüberlegungen zur Errichtung einer Beratungsstelle bzw. zur Gestaltung eines Beratungssettings beziehen sich darauf, ob der Ort der Beratung für die Zielgruppe gut erreichbar und leicht zu finden ist sowie einen möglichst unauffälligen Zugang bietet. Es sollte nicht für jeden gleich ersichtlich sein, dass die Person, die sich in einen bestimmten Raum begibt, eine ratsuchende ist (Großmaß, 2007).

Unter Berücksichtigung bestimmter Einflussfaktoren auf eine Beratungssituation kann die beratende Person das Beratungssetting so arrangieren, dass es zum Wohlbefinden der zu beratenden Person beiträgt. Eine angenehme Gestaltung des Beratungssettings ist für den Prozess der Vertrauensbildung von Bedeutung, da die äußere Umgebung, also die Räumlichkeit, in der das Gespräch stattfinden wird, auch die Beratungssituation beeinflusst (Reibnitz, Sonntag & Strackbein, 2017).

Ein für die Beratung eigens zur Verfügung stehender Raum bietet die Möglichkeit, in Ruhe ein Gespräch zu führen, und stellt gleichzeitig auch eine Rückzugsmöglichkeit dar. Dort können Gefühle zugelassen werden, die beispielsweise in einem Aufenthaltsraum oder am Gang einer Station nicht gezeigt werden (Dengler, 2015). In einem Patient*innenzimmer können Ruhe und Privatsphäre nicht immer in einer angemessenen Art und Weise gewährleistet werden. Störfaktoren, wie beispielsweise das Betreten des Zimmers durch Besucher*innen und/oder andere Personen, nehmen Einfluss auf das Gespräch, aber auch die Tatsache, dass Nachbarpatient*innen das Gespräch mithören können, kann als störend empfunden werden (Nordkämper, 2016) und zu einem unbehaglichen Gefühl bei der zu beratenden Person führen. Das kann zur Konsequenz haben, dass nicht offen über ein bestimmtes Thema gesprochen wird.

Nicht immer lässt jedoch der Gesundheitszustand der zu beratenden Person ein Gespräch in einem separaten Besprechungsraum zu. Maßnahmen, um dennoch Ruhe und Privatsphäre zu schaffen, können ein Stück weit zu einer angenehmeren Atmosphäre beitragen; z. B. indem Mitpatient*innen sowie deren Besuch hinausgebeten werden, sofern dies möglich ist. Das Aufstellen von Paravents als Sichtschutz schafft durch die Abgrenzung zu den anderen Personen im Umfeld ein wenig Privatsphäre. Das Hinzuziehen bestimmter Hilfsmittel, wie beispielsweise eines Hörgeräts und/oder einer Brille, kann entscheidend für ein produktives Gespräch sein und ist vorab zu berücksichtigen.

Besteht die Möglichkeit, einen Raum oder gar Räumlichkeiten für Beratungsgespräche einzurichten, kann dieser oder können diese unter Beachtung gewisser Aspekte freundlich gestaltet werden. Die ratsuchende Person soll sich rasch zurechtfinden können und nicht von zu steril wirkenden Räumen abgeschreckt werden.

Bei der Wahl der Sitzgelegenheiten ist es wichtig, darauf zu achten, dass man auf einer Ebene kommunizieren kann und kein Größenunterschied durch unterschiedlich hohe Möbel hervorgerufen wird. Dadurch soll verhindert werden, dass es während des Gespräches zu einer vermeintlichen Über- oder Unterordnung kommt. Dieses Prinzip gilt auch für Beratungssituationen von Menschen, die im Bett liegen. Das Aufstellen von Beistelltischen ermöglicht es, Getränke oder erforderliche Unterlagen abzulegen. Zudem wird empfohlen, den Raum mithilfe natürlichen Lichts zu beleuchten und auf eine angenehme Temperatur sowie eine gute Belüftung zu achten (Reibnitz, Sonntag & Strackbein, 2017). Auf Symbole, die die Zugehörigkeit zu einer Religion oder eine kulturelle Verortung erkennen lassen, sollte verzichtet werden. Der Beratungsraum soll so eingerichtet werden, dass sich die ratsuchenden Personen willkommen und nicht ausgeschlossen fühlen (Großmaß, 2007).

Die Zeitkomponente spielt ebenfalls eine wesentliche Rolle. Das für die Beratung zur Verfügung stehende Zeitfenster sollte so gewählt sein, dass die Beratung nicht aufgrund von Zeitmangel frühzeitig abgebrochen werden muss; aber auch ein ausuferndes Gespräch kann unter Beachtung des Zeitrahmens verhindert werden. Dafür ist es hilfreich, bereits zu Beginn des Gesprächs der zu beratenden Person zu erklären, wie viel Zeit für das Beratungsgespräch eingeplant ist, sodass die Dauer des Gesprächs nicht aus den Augen verloren wird. Um den Gesprächsverlauf durch den Blick auf das Mobiltelefon oder die Armbanduhr nicht zu stören, kann eine in Sichtweite gebrachte Uhr an der Wand oder am Tisch nützlich sein (Reibnitz, Sonntag & Strackbein, 2017).

7 Spontane und geplante Beratung

In der Pflege kann man beobachten, dass Beratungsgespräche einerseits „zwischen Tür und Angel" und andererseits zu einem vereinbarten Termin in einem Beratungszimmer stattfinden, wie es oftmals im Entlassungsmanagement der Fall ist. Demnach können für die Pflege vor allem zwei Formen der Beratung unterschieden werden (Büker, 2015):

- spontane Beratung
- geplante Beratung

Spontane Beratungsgespräche sind in der Pflege sehr häufig. Quasi im Vorbeigehen werden Pflegepersonen von Patient*innen und/oder Familienangehörigen zu bestimmten Themen befragt und es ergibt sich dadurch ein spontan situiertes Beratungsgespräch (Büker, 2015). Ein spontanes Beratungsgespräch kann sich z. B. bei einer pflegerischen Tätigkeit – beispielsweise während eines Verbandwechsels oder bei der Unterstützung bei der Körperpflege – ergeben. Plötzlich findet sich die Pflegeperson in einem Beratungsgespräch wieder, in dem sie womöglich die verwendeten Materialien für den benötigten Verband und die Art und Weise, wie der Verbandwechsel durchgeführt werden soll, erklärt oder auf hygienische Maßnahmen bei der Intimpflege hinweist. Dies zeigt auch, wie rasch Pflegepersonen in der Situation entsprechendes Expertenwissen abrufen und den Patient*innen oder Angehörigen zur Verfügung stellen können. Gleichzeitig vermitteln solche Situationen auch, dass die betroffene Person an der Tätigkeit interessiert ist und Wissbegierde und Lernbereitschaft zeigt. Es kann sich ein idealer Moment für eine Beratungssituation ergeben, der sich als pädagogisch günstig erweist, da die betroffene Person große Bereitschaft für Veränderungen zeigt und entsprechend aufnahmefähig für neues Wissen ist. Dieser Moment kann von Pflegepersonen gut genutzt werden, um Informationen weiterzugeben. Wenn notwendig, kann zu einem späteren Zeitpunkt weiteres Wissen vermittelt werden (London, 2010).

Bei spontanen Beratungsgesprächen kann es sich auch um Situationen handeln, in denen die betroffene Person einfach ihre Sorgen und ihre Sicht der Dinge schildern möchte. Die Anteilnahme und das Angebot eines Entlastungsgesprächs, in dem sich die Pflegeperson nicht anmerken lässt, dass sie unter Zeitdruck steht (Büker, 2015), ist für die betroffene Person wertvoll und kommt in der Pflege häufig vor.

Geplante Beratungsgespräche finden im Vergleich zu spontanen Gesprächen zu einem bestimmten Zeitpunkt, in einem eigenen Raum und in ruhiger Atmosphäre statt. Dies erlaubt eine strukturierte Vorgehensweise während des Gesprächs und das Hinzuziehen verschiedener Materialien, die speziell für die Beratungssituation vorbereitet wurden (Büker, 2015). Die nachfolgende Tabelle soll einen Überblick darüber geben, in welchen Aspekten sich eine geplante von einer spontanen Beratungssituation unterscheidet.

Merkmale	Geplante, strukturierte Beratung	Spontane Beratung
Räumlichkeit	separater Raum/ Beratungszimmer	überall möglich (Patientenzimmer, Warteraum, Stationsgang)
Zeitpunkt	vereinbarter Termin oder feste Sprechzeiten	spontan, ungeplant
Auswahl des Zeitpunkts	relativ starr	flexibel und angepasst an die Situation
Zeitrahmen	vordefiniert, festgelegt	unsicher, offen
Störungen	weitestgehend ausgeschaltet	Unterbrechungen jederzeit möglich (z. B. durch Nachbarpatient*innen, Besuch, Untersuchungen)

Beratungs-anlässe/ Ausgangs-situationen	klarer Beratungsbedarf bzw. deutliches Beratungs-bedürfnis	implizite Beratungsanlässe, niederschwelliger Einstieg
Vorbereitung	für Berater*innen, Patient*innen, Angehörige möglich	meist unvorbereitet
Beratungs-prozess	wird meist vollständig durchlaufen	kann jederzeit unterbrochen oder gestört werden
Materialien/ Medien	können vorbereitet werden	evtl. zufällig in der Pflegesituati-on vorhanden
Alltagsnähe	nicht gegeben	gegeben
Intimsphäre	gegeben	eher weniger gegeben
Zugang für Angehörige	gesichert	nur durch Zufall
Rolle der Beraterin/ des Beraters	Pflegende klar in beraten-der Rolle	Bewusstsein für beratende Rolle diffus, Rollenkonflikte möglich

Tabelle 7: Merkmale spontaner und geplanter Beratung (Büker, 2015), modifiziert durch Hacker, Slobodenka & Titzer

8 Beratungsansätze

Beratungs-ansatz	Problem-verständnis	Ziel	Haltung	Methodik
Person-zentrierte Gesprächs-führung	ganzheitlicher Ansatz, respektvoller Umgang, individualisiertes Angebot von Pflege	Identifizierung der persönlichen Ressourcen	Achtung, Selbstbestimmung, Empathie, Wertschätzung, Kongruenz	Gesprächs-techniken
Beratung bei Verhaltens-änderung	Lernstörung oder Lerndefizit liegt vor	Um- bzw. Verlernen des bisherigen Denkens oder Handelns und Wandlung hin zu „gesundem" Verhaltensmuster	aktiv, unterstützend, transparent in der Haltung, verstärkend	Ziele und Verhaltens-modifikationen werden vorgegeben
Systemische Beratung	Fehlfunktion in der Situation, Symptom hat eine Funktion im System	Veränderung der Konstellation eines Systems	gemeinsame Betrachtung aus unterschiedlichen Perspektiven, neutrale Haltung	Modifikation der systemischen Konstellation, im Fokus steht das System
Lösungs-orientierte Beratung	Kein Zugang zur Lösung und zu den Ressourcen	Lösungsorientierung, Entdecken von neuen und unbewussten Lösungsmöglichkeiten	Wertschätzung der Ressourcen, Offenheit	Fokus liegt auf Lösungsmöglichkeiten und Ressourcen, Wunderfrage (siehe Kapitel 8.4.3)

Tabelle 8: Übersicht der Beratungsansätze (Hacker, Slobodenka & Titzer, 2017)

Beratungsansätze in der Pflege liegen in Form verschiedener Konzepte aus unterschiedlichen Bezugswissenschaften vor. Hierzu zählen Wissenschaften mit langen Traditionen im Bereich der Beratung. Beratungsansätze aus dem Bereich der Psychologie, der sozialen Arbeit und der Pädagogik werden zur Erstellung von Beratungskonzepten in der Pflege herangezogen und kritisch durchdacht. Von besonderer Bedeutung ist das Herausarbeiten dessen, wie Beratung in der Pflege spezifisch aussehen kann und an welche Kontextbedingungen der Pflege ein Beratungskonzept oder -ansatz angepasst werden muss. Bezugswissenschaften und andere Disziplinen sollen in Beratungskonzepten der Pflege zusammenfließen und im Sinne der Ganzheitlichkeit zusammenarbeiten (Hummel-Gaatz & Doll, 2007). In diesem Buch wurden vier Beratungsansätze ausgewählt, die aufgrund der theoretischen Auseinandersetzung und der Praxiserfahrung der Autor*innen im Kontext der Pflege von Bedeutung sind. Es handelt sich überwiegend um Grundhaltungen, wie in Beratungssituationen hineingegangen wird und wie Beziehungen gestaltet werden können. In Tabelle 8 findet sich eine Übersicht über die folgenden Kapitel mit einem Kurzausschnitt der wesentlichen Aussagen der Beratungsansätze.

8.1 Personzentrierte Gesprächsführung

Unter Klienten- bzw. Personenzentrierung versteht man einen ganzheitlichen Ansatz, in dem der respektvolle Umgang und das individualisierte Angebot von Pflege im Vordergrund stehen. Zentral dabei ist die Beziehung zwischen den beteiligten Personen. Grundprinzipien wie

- Achtung der Person,
- individuelles Recht auf Selbstbestimmung,
- gegenseitiges Verständnis,
- Rücksichtnahme auf Präferenzen und Bedürfnisse und
- Berücksichtigung der Werte von Betroffenen

werden unter dem Begriff Personenzentrierung subsumiert. Bei der Verwendung der Begriffe Personen-/Klienten-/Patientenzentrierung bzw. -orientierung tauchen in der Literatur unterschiedliche Sichtweisen auf. Letztlich geht es bei allen Begriffen darum, zu verstehen, was die Erkrankung für Patient*innen bedeutet, d. h. um das Verständnis für die Individualität der Person und für das psychosoziale Umfeld. Ziel ist es, Verantwortung zu teilen, eine partnerschaftliche Beziehung entstehen zu lassen und gemeinsam Ziele zu entwickeln. Dies geschieht in Abstimmung mit den Werten der Patient*innen (Fringer et al., 2012).

8.1.1 Patientenzentrierte Kommunikation

Die patientenzentrierte Kommunikation umfasst zwei wesentliche Kompetenzen, bestehend aus jener der Gesprächspartner*innen und aus dem Einsatz von patientenzentrierten Gesprächstechniken. Wichtig für die Kommunikation sind die Berücksichtigung der Erwartungen, Gefühle und Vorstellungen der betroffenen Personen sowie der Respekt ihnen gegenüber. Im Wesentlichen geht es darum, Gesprächen eine Struktur zu verleihen, sodass Informationen zwischen den beteiligten Personen fließen können (Reibnitz, Sonntag & Strackbein, 2017).

Komponenten der personenzentrierten Gesprächsführung

- Perspektive der betroffenen Personen, Erfahrungen, Erwartungen und Bedürfnisse erfassen
- Verständnis für die subjektive Wirklichkeit entwickeln
- Krankheitserleben, Lebenswelt, Werte und Bedürfnisse berücksichtigen
- partizipative Entscheidung und Einschätzung der wichtigsten und aktuellsten Probleme
- Konsens in der Auswahl der Behandlungsstrategien

Durch den humanistisch orientierten Gesprächsansatz steht der betroffene Mensch im Zentrum der Kommunikation. Das Gespräch dreht sich nicht um das vorliegende Problem – vorrangig geht es um die Unterstützung zur Identifikation der persönlichen Ressourcen und um die Entdeckung der Individualität. Die betroffenen Personen sollen dazu angeregt werden, sich mit den eigenen Gefühlen auseinanderzusetzen. Die Entwicklung von Lösungsmöglichkeiten steht im Fokus des Gesprächs (Reibnitz, Sonntag & Strackbein, 2017).

8.1.2 Bedingungen für ein gelingendes Gespräch

Die in Abbildung 6 dargestellten Bedingungen für den Verlauf der Beratung geben der beratenden Person die Möglichkeit, den Verlauf selbst zu bestimmen und sich in diesem Rahmen Zeit zu nehmen.

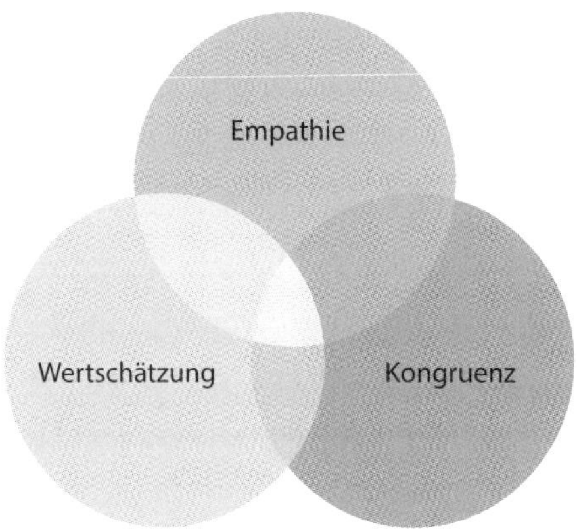

Abbildung 6: Bedingungen für den Verlauf der Beratung (Carl Rogers; zit. nach Engel, 2011)

Unter **Empathie** versteht man die Fähigkeit, sich weitestgehend in die Gedanken und Gefühle einer anderen Person hineinzuversetzen. Zentrales Merkmal dabei ist das Zuhören. Wer zuhören kann, signalisiert echtes

Interesse. Bei der personenzentrierten Gesprächsführung geht es nicht nur um aufmerksames, sondern auch um aktives Zuhören. Der Person wird zurückgemeldet, dass sie verstanden wurde. Zunächst ist es jedoch wichtig, ohne Unterbrechung zuzuhören. Keinesfalls sollte die beratende Person vorschnell interpretieren, analysieren, Ratschläge geben oder nach Lösungen suchen. Beim Paraphrasieren wird das Gesagte mit eigenen Worten wiedergegeben (Reibnitz, Sonntag & Strackbein, 2017; Büker, 2015).

Häufige Formulierungen beim Paraphrasieren

- „Wenn ich Sie richtig verstanden habe, geht es Ihnen um …?"
- „Sie meinen also …?"
- „Es ist Ihnen also wichtig, dass …?"
- „Sie befürchten also, dass …?"

Wertschätzung bedeutet, eine Haltung einzunehmen, die von vorurteilsfreier Wahrnehmung und unbedingter Akzeptanz der Person geprägt ist. Die Sichtweise der anderen Person wird respektiert und toleriert. Wertschätzung drückt sich nicht nur in Worten, sondern auch in Mimik, Gestik und Haltung gegenüber dem anderen Menschen aus. In der Körpersprache spiegeln sich unsere Gefühle; deshalb muss in der Beratung bewusst auf diese nonverbalen Zeichen geachtet werden (Reibnitz, Sonntag & Strackbein, 2017; Büker, 2015).

Nonverbale Zeichen in der Beratung

- Die Körperhaltung der beratenden Pflegeperson sollte eine Hinwendung zur Person zeigen;

- ein freundlicher Gesichtsausdruck und ein gelegentliches Kopfnicken deuten Zustimmung an, die Hände sollen zu sehen sein, harmonische Gesten wirken positiv;
- der Person ruhig und freundlich in die Augen zu sehen (nicht sie anzustarren) signalisiert Interesse.

Kongruenz bedeutet Echtheit und Übereinstimmung mit sich selbst. Die beratende Pflegeperson agiert authentisch; das zeigt sich in Mimik, Gestik, Körperhaltung und in dem, was sie sagt. Inkongruenz, also fehlende Übereinstimmung zwischen dem verbalen und dem nonverbalen Ausdruck, spürt das Gegenüber in der Regel (Reibnitz, Sonntag & Strackbein, 2017; Büker, 2015). Empathie, Echtheit und Wertschätzung sind wichtige Fähigkeiten in der professionellen Beratung (Reibnitz, Sonntag & Strackbein, 2017; Büker, 2015).

In der personenzentrierten Kommunikation spielt hauptsächlich die Haltung der beratenden Pflegeperson gegenüber der betroffenen Person eine Rolle. Durch die Gestaltung der Gesprächssituation lassen sich Ressourcen aktivieren, Lösungen generieren und alternative Handlungsmöglichkeiten aufzeigen. Diese Form der Kommunikation benötigt kein spezielles Setting, sondern kann in alltäglichen Situationen angewendet werden.

8.2 Systemische Beratung

Systemische Beratung entstammt dem Bereich der Systemtheorie und führte später zur Entwicklung spezieller Beratungskonzepte wie beispielsweise der lösungsorientierten Beratung. In den Ursprüngen führten die Erkenntnisse aus der Arbeit mit Paaren und Familien zur Entwicklung der systemorientierten Sichtweise. Diese Erkenntnisse lieferten u. a.

Kurt Lewin, Alfred Adler und Jacob Moreno. Der Ansatz „systemische Perspektive“ weitete sich um 1990 in die Bereiche soziale Arbeit, Pädagogik und Organmedizin aus (Schlippe & Schweitzer, 2016). Im Kontext der Pflege richtet sich der Fokus der systemischen Perspektive auf die Arbeit mit Familien, welche in weiterer Folge vertieft dargestellt wird.

8.2.1 Das System als Kernbegriff

Als System wird eine Gruppe von Elementen bezeichnet, die miteinander in Verbindung stehen. Sie können durch ihre eigene Grenze auch von ihrer Umwelt abgegrenzt werden. Systeme finden sich überall in der Welt, beispielsweise in Natur und Technik, in Gemeinschaften und Städten. Auch Familien bilden diesem Verständnis nach ein System, bspw. durch die Beziehung zwischen Eltern und ihren Kindern. Wird dieses System von einer Person beobachtet, entsteht der sogenannte systemische Blick, der ein System erst erkennen und entstehen lässt. Erst die beobachtende Person trifft die Entscheidung, welche Elemente dem System zugeteilt werden und welche nicht. Der Begriff „systemisch“ gilt daher als ein erkenntnistheoretischer Begriff und die Person stellt sich die Frage „Was kann ich erkennen?“ (Schlippe & Schweitzer, 2016).

Als Systemtheorie werden alle Prozesse bezeichnet, die innerhalb von und zwischen Systemen ablaufen (Schlippe & Schweitzer, 2016).

Von systemischer Beratung wird gesprochen, wenn eine beratende Pflegeperson einzelnen oder mehreren Menschen mit Problemen zu einer Lösung verhilft. Im Rahmen der systemischen Beratung geht es zumeist nicht nur um ein betroffenes Individuum, sondern um das gesamte System, in das die Person eingebettet ist. In einer Familie interagieren unterschiedliche Personen miteinander und entwickeln passend zur jeweiligen Entwicklungsphase eine für sie geeignete Form der Organisation von Interaktionen. Ein Beispiel dafür ist ein chronisch krankes Kind und die Interaktion mit einem Geschwisterkind (Schlippe & Schweitzer, 2016). Da sich Systeme ständig verändern, stehen diese Veränderungen und Regulationen bei der systemischen Beratung im Vordergrund (Hummel-Gaatz & Doll, 2007).

8.2.2 Das soziale System

Für die beratende Pflegeperson ist es am Anfang wichtig, zu verstehen, dass sich die betroffenen Personen in sozialen Systemen befinden. Abbildung 7 soll soziale Systeme im Vergleich zu anderen Systemen darstellen (Schlippe & Schweitzer, 2016).

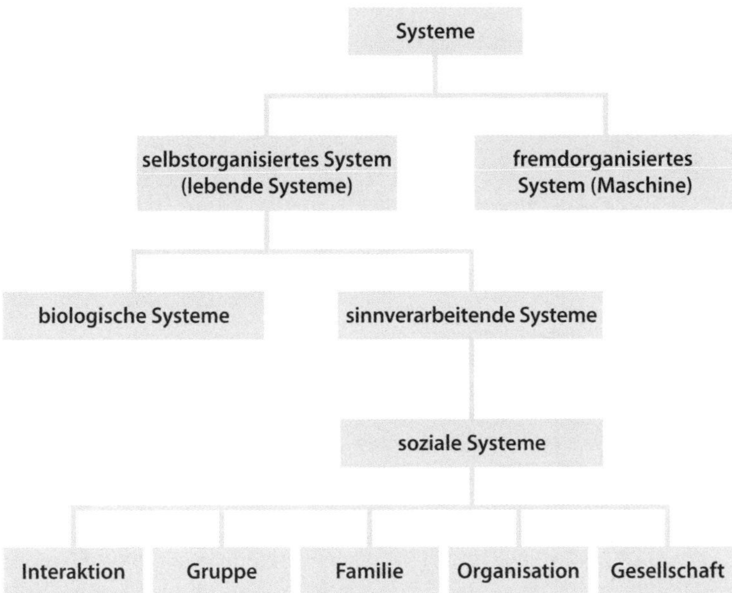

Abbildung 7: Soziale Systeme (Schlippe & Schweitzer, 2016), modifiziert durch Hacker, Slobodenka & Titzer

Es gibt verschiedene Formen von Systemen. Ein biologisches System wie beispielsweise der Blutkreislauf, der teilweise, aber nicht beliebig beeinflusst werden kann, funktioniert selbstorganisiert. Als fremdorganisiertes System gilt beispielsweise ein Auto, welches Steuerung von außen benötigt, um zu funktionieren. Soziale Systeme sind sinnverarbeitende Systeme. Sie funktionieren selbstorganisiert, aber für sie ist charakteristisch, dass und wie sie mit Sinn umgehen. Die Bearbeitung von Sinn basiert in sozialen Systemen auf Formen der Kommunikation (Schlippe & Schweitzer, 2016).

Die Bezeichnung Interaktionssysteme entstammt der Weiterentwicklung der Überlegungen Luhmanns zu drei Formen von sozialen Systemen: flüchtige Systeme, Organisationen und Gesellschaften.

Ein Restaurantbesuch oder eine kurze Busfahrt gelten als flüchtige Interaktionssysteme; sobald jedoch weiterführende Kommunikation stattfindet, erfordert dies für die beteiligten Personen eine Abgrenzung. Als Organisationen gelten etwa Familien; die Mitgliedschaft zu ihnen ist klar abzugrenzen. Zwischen Familien oder anderen Organisationen ergeben sich Kooperationen, die ebenso klar abzugrenzende Beziehungsmuster entstehen lassen. Übergänge sind zwischen allen Formen sozialer Systeme möglich, denn es kann aus einer flüchtigen Interaktion eine Liebesbeziehung und später eine Familie entstehen (Schlippe & Schweitzer, 2016).

Die Familie als soziales System ist grundsätzlich auf Bindung ausgerichtet, weshalb innerhalb der Familie vorwiegend über Beziehungen kommuniziert wird. Familien verstehen sich als vielfältiges System an Konstellationen. In Abgrenzung zum Freundeskreis oder zur Arbeitsgruppe ist die Familie die Struktur, in der sich ein intimes Beziehungssystem entwickelt hat oder gemeinschaftlicher Lebensvollzug stattfindet. Familienmitglieder stimmen sich emotional aufeinander ab und lassen sich jeweils unterschiedlich am Leben teilhaben. Dies beginnt bei einem Begrüßungskuss und endet beim Gute-Nacht-Sagen. Durch die Teilhabe geben sie sich gegenseitig das Gefühl von Sicherheit und Stabilität. Kommunikation in Beziehungen spielt daher eine wesentliche Rolle, wenn es um die Stabilität einer Familie geht (Schlippe & Schweitzer, 2016).

8.2.3 Ziel der systemischen Beratung

In sozialen Systemen spielen zwei Punkte eine wichtige Rolle: **Dynamik** und **Komplexität**. Systeme sind zu verschiedenen Zeitpunkten einfach oder komplex gestaltet und dabei stabil oder instabil. Ziel der systemischen Beratung ist es, Stabilität zu erreichen. Dabei wird Beratung als Rahmenbedingung angesehen, um die problemverursachenden Aspekte zu erkennen und eine Musterveränderung herbeizuführen (Schlippe & Schweitzer, 2016). Rahmen- und Kontextsteuerung stehen gegenüber der Verhaltenssteuerung im Vordergrund. Die Suche nach Möglichkeiten bzw. Ressourcen bietet in der systemischen Beratung einen zentralen Ansatzpunkt beim Finden von Lösungen. Neue Ideen und Bilder werden gesucht und das Ergründen des Problems bleibt im Hintergrund (Schlippe & Schweitzer, 2009). Beratende Pflegepersonen berücksichtigen dabei, dass die Perspektive aller beteiligten Personen dargestellt werden kann und dass alle zu Wort kommen. Die beratende Pflegeperson selbst achtet dabei darauf, überparteilich zu sein (Hummel-Gaatz & Doll, 2007).

Aufgaben in der systemischen Beratung

Durch das Einbeziehen der Lebenswelt der betroffenen Personen und ihrer Biografie stehen die Identifikation des Problems (Schlippe & Schweitzer, 2016), die Veränderung des Alltags und das Entwickeln von Lösungen für das gesamte System im Zentrum. Die Unterstützung beim Erkennen von Optionen und Handlungsmöglichkeiten sowie bei der Freilegung von Potenzialen sind die Hauptaufgaben der beratenden Pflegeperson (Hummel-Gaatz & Doll, 2007).

8.2.4 Gestaltung der systemischen Beratung

In der systemischen Vorgehensweise geht es zunächst um die Gestaltung eines Rahmens, der die affektive Seite fokussiert. Körperhaltung, Gestik und Mimik sollen den betroffenen Personen vermitteln, dass die beratende Pflegeperson beim ihnen ist. Diese Mikrosignale stellen zwischen den Personen ein stabiles emotionales Verhältnis her. Diese **Stabilität** im Beratungssetting ermöglicht der betroffenen Person, sich mit der **Instabilität** auseinanderzusetzen und sich negativen Gefühlen zu stellen. Auf Basis der stabilen Beziehung kann sie sich mit kritischen Aspekten auseinandersetzen. Das Gespräch ist durch Neugier, Interesse, Aufregung und Mut gekennzeichnet. Kritische Aspekte können dabei hinterfragt und Betroffene mit Themen konfrontiert werden, die im Normalfall von ihnen vermieden worden wären. Affektiv geladene Inhalte werden zur Sprache gebracht, das wird durch den sicheren Rahmen der Beratung möglich. In Abbildung 8 wird der Rahmen mit entsprechenden Interventionsmöglichkeiten dargestellt. Zu betonen ist, dass für jede Intervention der richtige Zeitpunkt berücksichtigt werden muss, da Interventionen zu unterschiedlichen Zeitpunkten verschiedene Effekte haben können (Schlippe & Schweitzer, 2009).

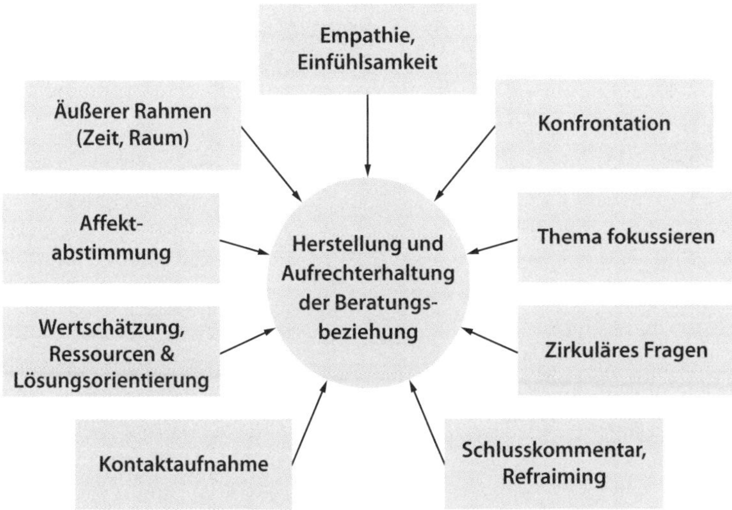

Abbildung 8: Gestaltung der systemischen Beratung (Schlippe & Schweitzer, 2009), modifiziert durch Hacker, Slobodenka & Titzer

8.2.5 Systemische Interventionen

Systemische Beratung ist gekennzeichnet durch unterschiedliche Interventionen. Nachfolgend sind relevante Aspekte systemischer Interventionen als Beispiele angeführt.

Auftragsorientierung

Am Beginn jeder Beratung steht die Klärung des Beratungsauftrages. Es sollte die Frage „Wer will was von wem wann und mit welchem Ziel?" gestellt werden. Herausfordernder wird diese Klärung, wenn mehrere Personen an der Beratung beteiligt sind. Die beratende Pflegeperson befindet sich dabei in der Mitte und hat den Auftrag, alle Informationen und Antworten auf die Fragen zu bündeln. Ein Beispiel für einen Leitfaden zur Hilfestellung während des systemischen Erstgesprächs findet sich in der nachstehenden Tabelle 9.

Anlass: Was führt die Person zur Beratung?	• Gibt es einen Auslöser oder einen Anlass? • Warum nimmt die Person gerade jetzt Beratung in Anspruch?
Anliegen: Was soll erreicht werden?	• Was soll heute geschehen? • Was soll am Ende der Sitzung erreicht worden sein? • Problemdefinition und Anliegen • Wo wird das Problem vermutet? • Was wurde bisher versucht? • Was sollte passieren?
Auftrag: Was wird gebraucht?	• Was kann die beratende Person beitragen? • Was würde die betroffene Person enttäuschen? • Eventuell die anwesenden Personen fragen, wer etwas möchte
Kontrakt: Angebot	• Zusammenfassung • Wertschätzung von jedem • Kooperationsbasis finden
Bilanz: Standpunkt bestimmen	• War der bisherige Beratungsverlauf gut? • Zufriedenheitsabfrage • Neue Ideen, Wünsche bzw. Anpassungen

Tabelle 9: Leitfaden für ein systemisches Erstgespräch (Schlippe & Schweitzer, 2009), modifiziert durch Hacker, Slobodenka & Titzer

Ein Erstgespräch in der systemischen Beratung zur Bestimmung des Auftrages könnte wie in der Tabelle dargestellt ablaufen. Der beratenden Pflegeperson ist dabei keine Grenze gesetzt bzw. sind der Ablauf und die Reihenfolge der Beratung nicht in Stein gemeißelt (Schlippe & Schweitzer, 2009).

Genogramm

Das Genogramm ist ein Gerüst, welches durch die grafische Darstellung der genetischen und genealogischen Familienzusammensetzung gebildet wird. Es zeigt den Familienstammbaum bzw. die interne Familienstruktur (Wright & Leahey, 2014). Bei der Zeichnung eines Genogramms geht es um das Schaffen einer Ausgangslage für Gespräche und Diskussionen innerhalb der Beratung. Beispielsweise können in einer Gruppe die Positionen der beteiligten Personen innerhalb ihrer Familie schneller verstanden und Missverständnisse vermieden werden. Die Zeichnung eines Genogramms kann unterschiedlich aussehen; bestimmte Teile können z. B. mit Farben hervorgehoben werden. Besonders hervorzuheben sind familiäre Ereignisse, Einflüsse und generationsübergreifende Muster. Die Geschichten hinter dem Genogramm, die im Beratungsgespräch erzählt werden, bilden ein neues Verständnis der Situation, in der sich die beteiligten Personen befinden (Schlippe & Schweitzer, 2009).

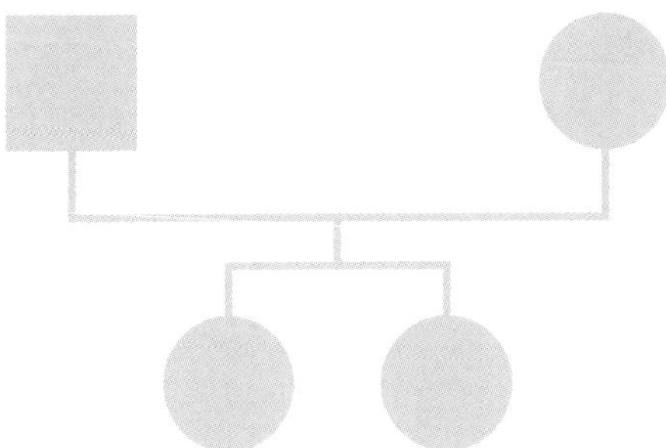

Abbildung 9: Grundstruktur eines Genogramms (Schlippe & Schweitzer, 2009), modifiziert durch Hacker, Slobodenka & Titzer

Wright und Leahey (2014) verwenden das Genogramm in ihrem multidimensionalen Konzept, dem Calgary Familienassessment und Interventionsmodell, als Methode, um die Familienstruktur der betreffenden Personen sichtbar zu machen. Je nach Modell werden bspw. Frauen als Kreise und Männer als Quadrate gezeichnet. Neben den einzelnen Symbolen werden zentrale Informationen zu den einzelnen Familienmitgliedern, wie etwa Name, Alter, Beruf und Hobbys, notiert. Zudem kann mit Linien zwischen den Symbolen auf Beziehungen und/oder Rangordnungen verwiesen werden (z.B. Geschwisterreihe, Partnerschaft, Trennung, Tod). Die Person, welche im Zentrum des Betreuungsprozesses steht, meist der/die Patient*in, wird als Indexperson hervorgehoben und erhält eine zusätzliche Umrandung, z.B. einen zweiten Kreis. Durch die grafische Darstellung der Familienstruktur mittels Genogramm können sich auch die betreuenden Pflegepersonen einen raschen Überblick über das Familiensystem machen. Werden zum Familiensystem weitere Systeme hinzugefügt, wie etwa das Pflegesystem, spricht man von einem Ökogramm, welches die Kontakte zur Außenwelt grafisch veranschaulicht.

Zirkuläres Fragen

Zirkuläres Fragen macht es möglich, Informationen über das Denken und Verhalten aus der Perspektive von Mitgliedern des Familiensystems zu erhalten. Ausgehend von allgemeinen Fragen, die nachfolgend angeführt sind, können beim zirkulären Fragen unterschiedliche Formulierungen verwendet werden. Je nachdem, aus welcher Perspektive die Problemstellung betrachtet wird, können Fragen gestellt werden. Die nachstehende Abbildung soll das Formulieren von einigen zirkulären Frageformen verdeutlichen (Schlippe & Schweitzer, 2009).

Beispiel für zirkuläre Fragen in der Praxis:
Eine Frau pflegt seit mehreren Jahren ihre kranke Mutter. In ihrer Beziehung mit ihrem Partner ist sie unglücklich, da sie sich von ihm nicht wirklich unterstützt fühlt. Sie möchte, dass er mehr Verständnis zeigt und aufmerksamer ist. Sie fühlt sich von der Situation überfordert und weiß nicht, was sie tun soll.

Die hypothetische Situation wird herbeigeführt durch die Wunderfrage „Stellen Sie sich vor, Sie wachen morgen auf und stellen fest, Ihr Problem ist gelöst. Woran würden Sie das merken?“.

Antwortmöglichkeiten:

- „Ich wache auf und fühle mich frisch, ausgeruht und freue mich auf den Tag mit meinem Partner."
- „Ich erwache am Morgen und habe keine Schuldgefühle meinem Partner gegenüber."
- „Ich fühle mich von meinem Partner akzeptiert und geliebt."

Allgemeine Fragen
- Unterscheidung herstellen
  - Fragen nach den Unterschieden (Perspektivenwechsel)
  - Klassifikationsfragen (mehr/weniger)
  - Skalierungsfragen (0–10)
- konkretes Verhalten
- lösungsorientiert fragen
  - Fragen nach Ausnahmen
  - Fragen nach Ressourcen
- problemorientiert fragen
  - Als-ob-Fragen
  - Was müssten Sie tun, damit andere denken, das Problem besteht weiterhin?

Tratschen in Anwesenheit
- Fragen nach Erwartungen: Angenommen, Ihr Mann würde laut ausdrücken, was ihn bewegt …

Andere Personen
- Fragen zum Beratungskontext
- Aufträge Außenstehender

Was denken außenstehende Personen über das Problem?

Hypothetische Situationen
- Fragen nach anderen Umständen
- Fragen nach anderen Entscheidungen
- Wunderfrage: Angenommen, das Problem wäre morgen nicht mehr da, was wäre dann anders?

Andere Zeit, anderer Ort
- Zeit- oder Zukunftspläne

Was würde man Ihnen raten, wenn Sie zu Hause wären?

Wie lange wird Ihr Problem Sie noch begleiten?

Abbildung 10: Zirkuläres Fragen (Schlippe & Schweitzer, 2009), modifiziert durch Hacker, Slobodenka & Titzer

Reframing

In der systemischen Beratung ist das Reframing (Umdeutung) eine wichtige Grundlage. Es wird eher als Haltung angesehen und verlangt von der beratenden Pflegeperson nicht, um jeden Preis eine positive Beschreibung zu finden. Beim Reframing geht es um die Bereitschaft, Inhalte und Beschreibungen immer wieder zu hinterfragen und aus einer anderen Perspektive zu betrachten. Im Rahmen der systemischen Beratung kann Reframing zu verblüffenden neuen Erkenntnissen führen. Beim Reframing lassen sich verschiedene Formen unterscheiden, die nicht immer ganz klar voneinander abzugrenzen sind (Schlippe & Schweitzer, 2009).

In der nachstehenden Tabelle wird eine Übersicht über die unterschiedlichen Formen gegeben. In der Darstellung wird deutlich, dass die Formen des Reframings ineinander übergehen. Letztlich geht es dabei um die Form der Antwort, und die Beispiele sollen dies für die Anwendung in der systemischen Beratung deutlich machen.

Form des Reframings	Bedeutung
Bedeutungsreframing	*Die Bedeutung des beklagten Verhaltens wird verändert.* **Beispiel:** Eine Person kann sich nicht entscheiden ▸ Entscheidungen werden von dieser Person sehr ernst genommen. „Ich sehe, Entscheidungen sind für Sie sehr wichtig."
Kontextreframing	*Ein denkbarer Kontext, in dem das Problem sinnvoll wäre, wird gesucht.* **Beispiel:** Eine Person gilt als besonders stur ▸ Die Frage ist, in welcher Situation die Hartnäckigkeit dieser Person hilfreich sein kann.
Inhaltsreframing	*Das beklagte Verhalten wird von der dahinterliegenden guten Absicht getrennt. Für eine Schwierigkeit wird eine Perspektive gefunden, unter der sie Sinn ergibt.* **Beispiel:** Hohe Belastung durch Asthma führt bei einer Person zu Verzweiflung ▸ „Das Asthma bietet Ihnen eine gute Gelegenheit, um eine Pause zu machen."

Tabelle 10: Formen des Reframings (Schlippe & Schweitzer, 2009), modifiziert durch Hacker, Slobodenka & Titzer

Die systemische Sichtweise und Haltung spiegeln sich in den beschriebenen Interventionen wider. Generell können systemische Interventionen auch in den nachstehenden Ansätzen zum Einsatz gelangen. In der Praxis wird deutlich, dass betroffene Personen oftmals nicht isoliert betrachtet werden können, da Individuen in Systeme eingebettet sind, die beispielsweise durch Krankheit in einen Veränderungsprozess geraten. Dadurch legitimiert sich die ganzheitliche Sichtweise auf die betreuten Personen, unabhängig vom Betreuungssetting.

8.3 Beratung bei Verhaltensänderung

Die Beratung bei Verhaltensänderung stellt in der Pflege einen weiteren Beratungsansatz dar, der gezielt beobachtbares und objektiv beschreibbares Verhalten adressiert. Selbstmanagement und Adhärenz sind prägende Begriffe, die in der Beschreibung dieses Beratungsansatzes ebenso eine Rolle spielen. In diesem Buch wird der Schwerpunkt auf die kognitive Verhaltensberatung gelegt, die eine Subform der Beratung bei Verhaltensänderung darstellt. Um diese verstehen zu können, braucht es Wissen über die Herkunft dieses Ansatzes und seine Grundprinzipien.

8.3.1 Herkunft und Grundprinzipien

Die kognitive Verhaltensberatung hat ihren Ursprung in der Psychologie und Psychotherapie. Sie versteht sich als Form der strukturierten und gegenwartsorientierten Kurzzeit-Therapie nach Aaron T. Beck aus den frühen 1960er-Jahren. Es wird auf unterschiedliche Arten versucht eine kognitive und emotionale Veränderung zu erzeugen, um andauernde Änderungen im Verhalten zu bewirken (Beck, 2013). Die Prinzipien basieren auf den Ausführungen von Margraf und Schneider (2009) und Beck (2013):

- **Ansatz im Fallkonzept der betroffenen Person**
  Die beratende Pflegeperson baut auf den zur Verfügung gestellten Informationen ein Fallkonzept auf. Dieses entwickelt sich aus einem fortlaufenden Prozess und setzt sich aus prädisponierenden, auslösenden und aufrechterhaltenden Faktoren zusammen. Zu strategisch ausgewählten Zeitpunkten setzt die Beratung an jenem Faktor an, der verändert werden muss, um eine dauerhafte Lösung zu erzielen. Beispielsweise kann die Entwöhnung vom Tabakkonsum, welcher durch Stress ausgelöst wird, anhand dieses auslösenden Faktors bearbeitet werden.
- **Beziehung als Grundvoraussetzung**
  Der geschützte Rahmen, in dem die Beratung stattfindet, und die vertrauensvolle Beziehung, die entsteht, erzeugen einen guten Rahmen, um eine Verhaltensänderung zu durchdenken und zu üben. Wärme, Empathie, Interesse, Authentizität und Fachkompetenz gelten dabei als Grundvoraussetzungen. Genauso wie Wertschätzung tragen sorgfältiges Zuhören und die Zusammenfassung von Gedanken dazu bei, dass der Transfer eines bestimmten Verhaltens in den Lebensalltag der betroffenen Person gelingen kann. Ziel muss die Bewältigung des Problems ohne kontinuierliche Begleitung sein. Als Beispiel kann hier die Begleitung eines Menschen mit chronischen Schmerzen bei rheumatoider Erkrankung genannt werden.
- **Wert der Zusammenarbeit und aktiven Mitarbeit**
  Gemeinsame Entscheidungen über die Häufigkeit von Treffen und die Übungen für zu Hause bilden die Basis für eine gute Zusammenarbeit zwischen der beratenden Pflegeperson und der betroffenen Person. Die betroffene Person nimmt durch das Berichten über ihr Problem aktiv an der Beratung teil. Zusammenfassungen und Motivation zu aktiven Lösungsversuchen im realen Lebensumfeld sind Hauptaufgaben der beratenden Pflegeperson.

- **Ziel- und Problemorientierung**
  Die gemeinsame Feststellung des Problems und die Festlegung eines Ziels gelten als unabdingbarer Bestandteil der Verhaltensänderung. Ausgangspunkt ist das vorliegende Problem. Ziele gelten als Vereinbarungen zwischen der zu beratenden Person und der Pflegeperson. Die Lösung des Problems kann die Erreichung des Ziels sein und gibt damit Anlass zur Beendigung der Begleitung.
- **Betonung liegt auf der Gegenwart**
  Die inhaltliche Konzentration orientiert sich stark an den gegenwärtigen Problemen der betroffenen Person. In der Priorisierung wird das belastendste Problem an erste Stelle gebracht.
- **Edukativer Charakter, betroffene Person wird zur Expertin für sich selbst**
  Die Pflegeperson erklärt der betroffenen Person die Art und den Verlauf der Beratung. Weiters informiert sie über den Prozess der Beratung und über das Fallkonzept. Das Erklären des gegenwärtigen problematischen Verhaltens ist notwendig, um aufseiten der betroffenen Person Verständnis zu erreichen. Die beratende Pflegeperson unterstützt in der Formulierung von Zielen, in der Aufdeckung und Überprüfung von Gedanken und in der Planung einer Veränderung. Einzelne Schritte zur Umsetzung der Veränderung werden auf- bzw. vorgezeigt. Transparenz erhöht die Adhärenz und die Problemlösefähigkeit. Die erlernten Fertigkeiten können in der Zukunft bei ähnlichen Schwierigkeiten oder Problemen erneut eingesetzt werden.
- **Struktur der Beratungseinheiten**
  Eine festgelegte Struktur der einzelnen Beratungseinheiten ist von Beginn an wichtig. Die Struktur besteht aus einer Einführung und ggf. einem Rückblick, einem Mittelteil, in dem gegenwärtige Probleme und Hausaufgaben besprochen werden, und dem Abmachen von Hausauf-

gaben. Eine Zusammenfassung und Feedback runden das Gespräch ab. Betroffene können dadurch mehr Verständnis für den Verlauf und am Ende eine bessere Selbstmanagementfähigkeit entwickeln.

- **Vielfalt in der Methodik der Beratung bei Verhaltensänderung**
  Erfahrungen, die in der Familie gemacht werden, spielen in der Verhaltensberatung ebenso eine Rolle für die Entwicklung von Problemlösungsstrategien. Abhängig vom Fallkonzept der betroffenen Person werden Methoden ausgewählt, die zur Problemlösung beitragen können.

Diese genannten Prinzipien gelten für alle Patient*innen. Die Beratung kann aber, abhängig von der jeweiligen Person, ihren Schwierigkeiten, ihrer aktuellen Lebensphase, ihrer Entwicklungsebene, ihrem Geschlecht und ihrem kulturellen Hintergrund, sehr unterschiedlich ausfallen. Außerdem sind die individuellen Maßnahmen von den Zielen der betroffenen Person, ihrer Motivation zur Veränderung und ihrer Fähigkeit zur Selbsthilfe abhängig (Beck, 2013).

8.3.2 Lernpsychologische Aspekte

Die Verhaltensänderung ist eng mit der Psychologie des Lernens verknüpft. In der Beratung muss man sich bewusst sein, dass viele Verhaltensweisen häufig vor langer Zeit angelernt wurden. In den ursprünglichen Konzepten findet sich der Ansatz der Konditionierung, geprägt und entwickelt von Iwan Petrowitsch Pawlow, der Experimente mit Hunden durchführte und Beobachtungen zu physiologischen Reaktionen machte, als die Hunde mit einem Stimulus konfrontiert wurden. Diese Erkenntnisse stellten die Basis dar, von der alle Weiterentwicklungen der Lehr- und Lerntheorien ausgingen (Michael & Ehlers, 2009).

8.3.3 Ziel

Durch das Erlernen von Strategien zur Verhaltensänderung kann ein problematisches Verhalten verändert werden. Krankheitsbedingte Veränderungen geben betroffenen Personen häufig Anlass dazu, sich an veränderte Situationen anzupassen. Selbstständigkeit und Unabhängigkeit im Alltag ohne kontinuierliche Unterstützung und Begleitung sind dabei vorrangige Ziele. Selbstmanagement im Bereich der Alltagskompetenzen und Selbstpflegefähigkeit stehen in der Beratung bei Verhaltensänderung im Vordergrund (Hummel-Gaatz & Doll, 2007).

8.3.4 Adhärenz

Betroffene nehmen bei der Beratung bei Verhaltensänderung eine aktive und partizipierende Rolle ein. Empfehlungen des Behandlungsteams werden im Einverständnis mit der betroffenen Person gegeben, die Einhaltung sowie Umsetzung der Empfehlungen sind an die selbstbestimmte Entscheidung der betroffenen Person gebunden. Individuelle Bedürfnisse, Probleme und Möglichkeiten werden dabei nicht vernachlässigt. Im Konzept der Adhärenz geht es um die gemeinsam getroffene Vereinbarung, ein bestimmtes Ziel zu erreichen (*shared decision making*). Adhärenz gilt als das Ausmaß, in dem das Verhalten einer Person mit den Empfehlungen des Behandlungsteams übereinstimmt (Winkeljohn, 2010). Alle Personen sind in dieser Vereinbarung gleichberechtigt und jede Person handelt eigenverantwortlich. Adhärenz spielt im Zusammenhang mit Verhaltensberatung eine wesentliche Rolle und kann großen Einfluss auf die Zielerreichung nehmen (Reibnitz, Sonntag & Strackbein, 2017).

Faktoren, welche die Adhärenz beeinflussen

- soziale und ökonomische Faktoren (Kosten …)
- Gesundheitssystem (Verfügbarkeit von Gesundheitsleistungen …)
- personenbezogene Faktoren
  (Motivation, Emotionen, Alter, Geschlecht, Familie …)

- therapiebezogene Faktoren
  (Polypharmazie, Komplexität der Therapie ...)
- krankheitsbezogene Faktoren
  (Komorbiditäten, unerwünschte Wirkungen ...)

(Dowling et al., 2019; Reibnitz, Sonntag & Strackbein, 2017)

Beratende Pflegepersonen können sich zur Förderung der Adhärenz vielfältigen Unterstützungsmethoden bedienen. Schriftliche Informationen für zu Hause in Form von Informationsbroschüren, Informationsblättern mit Piktogrammen oder Comics sind modern und bieten sich auch als Möglichkeit für Menschen mit Leseschwäche. Gedächtnisstützen wie Tablettenboxen, Kalender oder elektronische Merkhilfen können ein Gespräch ergänzen (Ferguson, 2018; Spoelstra et al., 2017).

Praktisch erwarten Pflegepersonen von Patient*innen sowie deren Angehörigen, dass ihre Empfehlungen zum Umgang mit einer Erkrankung bedingungslos eingehalten werden. Allzu oft erleben Pflegende aber gleichzeitig, dass Abmachungen nicht eingehalten oder so verändert werden, dass sie in die Lebenswelt der Betroffenen passen. Berücksichtigt man die Prinzipien der kognitiven Verhaltensberatung, so sind diese Anpassungen leichter verstehbar bzw. können Veränderungen durch die Begleitung von Pflegepersonen mitgestaltet werden. Probleme, die bei einer Veränderung entstehen, können auf vielfältige Art und Weise gelöst werden. Die lösungsorientierte Beratung bietet hierfür eine weitere Möglichkeit.

8.4 Lösungsorientierte Beratung

Der lösungs- und ressourcenorientierte Beratungsansatz entwickelte sich aus der lösungsfokussierten Kurztherapie, auch Solution-Focused Brief Therapy (SFBT) genannt. Er wurde von Insoo Kim Berg und Steve de Shazer begründet und seit den späten 1970er-Jahren am Milwaukee Brief Family Therapy Center entwickelt (de Shazer & Dolan, 2013). Die Solution-Focused Brief Therapy ist ein Beratungsansatz, der in der Psychotherapie Anwendung findet, aber auch in anderen Settings zum Einsatz kommen und eine ergänzende Form der Intervention darstellen kann (Iveson, 2002).

Lösungsorientierte Beratung basiert auf dem humanistischen Menschenbild. Man geht davon aus, dass Menschen aktive Gestalter ihrer Existenz sind und den Wunsch in sich tragen, sich selbst und ihrem Leben Sinn zu geben. Die Selbstverwirklichungstendenz oder Gestaltungsintention befähigt den Menschen schließlich dazu, interne und externe Ressourcen zu mobilisieren und für die eigene Lebensgestaltung einzusetzen. Ganz nach Watzlawicks Axiom, es sei nicht möglich, nicht zu kommunizieren, wird dies auch auf das Leben bezogen, indem man davon ausgeht, dass es nicht möglich ist, das Leben nicht zu gestalten. Entsteht durch bestimmte Herausforderungen im Leben eines Menschen ein Problem, das es zu lösen gilt, bietet die lösungsorientierte Beratung Gestaltungshilfen. Dabei stützt sie sich auf verschiedene Bestandteile der Systemtheorie: etwa auf den Konstruktivismus mit seiner Grundaussage, dass Probleme Konstruktionen sind, die verändert werden können, auf die Zirkularität, die besagt, dass auch nur eine kleine Veränderung einen Veränderungsprozess bewirken kann, auf die Kybernetik zweiter Ordnung und auf das Beratungssystem. Das Beratungssystem besteht aus einer offenen und wertschätzenden beratenden und der ratsuchenden Person, die gemeinsam aus dieser Begegnung heraus Lösungsschritte unternehmen (Bamberger, 2015; Kreddig & Karimi, 2013).

8.4.1 Ziel und Zweck

Steve de Shazer (2012) beschreibt die Herausforderung, dass für die Bearbeitung der Probleme von ratsuchenden Personen nicht unendlich viel Zeit zur Verfügung steht. Es ist oft nur eine bestimmte Anzahl von Sitzungen vorgesehen, in denen es zu einer Problemlösung kommen soll. In diesem Zusammenhang führt er an, dass es aus seiner Sicht grundsätzlich nicht zielführend ist, ein Problem lange zu behandeln. Er ist der Ansicht, dass eine rasche Problemlösung für die betroffene Person wirkungsvoller ist. So kann die ratsuchende Person so bald wie möglich wieder in ihren Alltag zurückkehren. De Shazer differenziert zwischen Kurztherapie bezogen auf die zeitliche Begrenzung der Therapie und Kurztherapie bezogen auf die rasche Bewältigung der Herausforderungen, die sich im Leben der ratsuchenden Person ergeben haben.

Der lösungsorientierte Beratungsansatz verzichtet demnach auf eine ausführliche Problemanalyse und beginnt direkt mit der Erarbeitung der Lösung. Dabei wird auf Ressourcen und Kompetenzen der ratsuchenden Person fokussiert (Büker, 2009). Das Ziel der lösungsorientierten Beratung ist die Lösungsorientierung selbst. Dafür entscheidend ist der Perspektivenwechsel der ratsuchenden Person – weg vom Problem, hin zur Lösungsentwicklung (Büker, 2009; Bamberger, 2015).

Das übergeordnete Ziel bzw. Metaziel der lösungsorientierten Beratung ist es, ratsuchenden Personen einen Lernprozess zu ermöglichen, in dem sie ihre eigenen Gestaltungsmöglichkeiten wahrnehmen und in ihrer Selbstwirksamkeit bestärkt werden (Bamberger, 2015).

8.4.2 Lösungsorientierte Berater*innen

Ressourcensuche, -fokussierung und -aktivierung sind in der lösungsorientierten Beratung ein zentraler Aspekt, daher wird auch in diesem Zusammenhang von lösungs- und ressourcenorientierter Beratung gesprochen; diese Aspekte zählen zu den wichtigsten Aufgaben lösungsorientierter Berater*innen (Bamberger, 2015). Die Aufgabe einer Pflegeperson in beratender Funktion ist die gezielte Unterstützung der Klient*innen bei der Entscheidungsfindung und der Bewältigung herausfordernder Lebenssituationen unter der Prämisse, dass die Betroffenen Expert*innen ihrer Situation sind (Hausmann, 2005). Unter dieser Annahme nehmen lösungsorientierte Berater*innen die Position von Nicht-Wissenden ein. Dabei verlässt sich die beratende Person auf die Erfahrungen und Wahrnehmungen der Klient*innen und vermittelt ein aufrichtiges Interesse an weiterführender Information. Durch diese Grundhaltung und Vorgehensweise wird anstelle vorgefasster Meinungen und/oder Erwartungen über die Situation der Klient*innen aufrichtiges Interesse vermittelt. Es wird generell vermieden, über geäußerte Bedürfnisse oder Verhaltensweisen der ratsuchenden Personen Interpretationen anzustellen. Diese Herangehensweise und Grundhaltung bedeutet, dass in der Beratungssituation der eigene Bezugsrahmen beiseitegelegt wird, um nicht vorschnell eine Meinung zu entwickeln. Das Einnehmen dieser Position muss sukzessive erlernt werden und beinhaltet einen dauerhaften Prozess, der von lösungsorientierten Berater*innen praktiziert werden muss. Die Haltung des Nicht-Wissens bedarf einer Vielzahl weiterer Fertigkeiten wie Zuhören oder der Formulierung von Fragen (De Jong & Berg, 2003; de Shazer & Dolan, 2013).

Lösungsorientierte Berater*innen arbeiten nach bestimmten Lehrsätzen, die quasi als Leitlinien oder Grundprinzipien fungieren und für die Praxis herangezogen werden können. Steve de Shazer hat gemeinsam mit Yvonne Dolan (2013) folgende acht Grundprinzipien entwickelt:

1. **Was nicht kaputt ist, muss man auch nicht reparieren.**
   Der erste Leitsatz wirkt vermutlich banal, muss jedoch in jeder Situation reflektiert werden. Auch wenn die Herangehensweise oder Methode zur Bewältigung einer Situation vielleicht ungewöhnlich ist oder Expert*innen umständlich erscheint, ist sie für die betroffene

Personen dennoch hilfreich. Das bedeutet, dass es hier auch keiner Veränderung bedarf, es sei denn, die Person wünscht eine (de Shazer & Dolan, 2013).

2. **Das, was funktioniert, sollte man häufiger tun.**
   Der zweite Lehrsatz ist dem ersten ähnlich und sagt aus, dass eine Person, die bereits an der Lösung ihres Problems arbeitet und einen produktiven Lösungsweg eingeschlagen hat, durch die beratende Person in erster Linie bestärkt und zur Fortsetzung der Lösungsentwicklung motiviert werden soll. Es ist nicht ausschlaggebend, wie qualitativ hochwertig die entwickelte Lösung ist, sondern ob sie effektiv ist und zur gewünschten Veränderung führt (de Shazer & Dolan, 2013). Produktive Momente bewirken eine erhöhte Lernbereitschaft der betreffenden Person und können womöglich zu einem späteren Zeitpunkt genutzt werden. Die beratende Person hat vor allem die Aufgabe, aufmerksam zu sein und auf entsprechende Gelegenheiten zu reagieren, in denen sie – auf den Informationsbedarf der betreffenden Person abgestimmt – erforderliches Wissen nachreicht (London, 2010).

3. **Wenn etwas nicht funktioniert, sollte man etwas anderes probieren.**
   Hat eine ratsuchende Person eine Lösung erarbeitet und ist sie an deren Umsetzung gescheitert, gilt der dritte Lehrsatz. Auch wenn die Lösung für gut befunden wird – wenn sie nicht umgesetzt werden kann, ist es durchaus legitim, sie zu verwerfen und an einer anderen Strategie zu arbeiten (de Shazer & Dolan, 2013).

4. **Kleine Schritte können zu großen Veränderungen führen.**
   Der vierte Lehrsatz sagt aus, dass, wie bei zusammenhängenden Zahnrädern, eine kleine Veränderung wiederum zu Veränderungen führen und auf diese Weise weitere Veränderungen nach sich ziehen

kann. Nach und nach kommt es zu einer Verbesserung der Situation, schließlich zur umfassenden Veränderung eines Systems und zur gewünschten Lösung. Zum Beispiel kann bereits eine kleine Veränderung im Verhalten einer Person zu einer Veränderung im Verhalten einer weiteren Person führen (de Shazer, 2012; de Shazer & Dolan, 2013). Die Veränderung bewirkt einen sich selbst verstärkenden Entwicklungsprozess, der zur zunehmenden Selbstständigkeit der ratsuchenden Person und letztlich dazu führt, dass der Beratungsprozess beendet werden kann (Bamberger, 2015).

5. **Die Lösung hängt nicht zwangsläufig direkt mit dem Problem zusammen.**
   Es folgt der fünfte Lehrsatz, der eine bestimmte Herangehensweise beinhaltet. Dabei wird nicht am Problem gearbeitet, sondern vielmehr nach der Lösung gefragt. Also: Was wäre anders, wenn das Problem gelöst wäre? Dadurch wird die Zukunft fokussiert (de Shazer & Dolan, 2013). Die Gedanken werden vom Problem weggeführt, der Blick wird in die Zukunft gerichtet. Die dahinterliegende Methode ist die Wunderfrage (siehe Kapitel 8.4.3) (Bamberger, 2015).

6. **Die Sprache der Lösungsentwicklung ist eine andere als die der Problembeschreibung.**
   Der sechste Lehrsatz bezieht sich auf die Sprache von beratenden Personen. Die Sprache, in der über Probleme gesprochen wird, ist überwiegend negativ konnotiert. Hingegen ist lösungsorientierte Sprache voller Erwartung und vermittelt dem Gegenüber, dass ein Problem vergänglich ist. Es werden stets positive Formulierungen gewählt (de Shazer & Dolan, 2013).

7. **Kein Problem besteht ohne Unterlass; es gibt immer Ausnahmen, die genutzt werden können.**
   Der siebte Lehrsatz geht davon aus, dass man immer auch Ausnahmen erlebt, bei denen ein Problem nicht so präsent ist wie sonst. Selbst wenn ein Problem besteht, gibt es Zeiten, in denen es keine so beeinträchtigende Wirkung hat. Auch wenn diese Momente noch so kurz oder klein erscheinen, gilt es, den Fokus auf sie zu richten und sie entsprechend zu nützen (Bamberger, 2015; de Shazer & Dolan, 2013). Werden Ausnahmen erkannt, müssen sie festgehalten und dokumentiert werden, denn sie zeigen, was die ratsuchende Person anders machen kann. Oft ist sie sich nicht bewusst, dass sie bereits weiß, wie das Problem gelöst werden kann; daher ist es die Aufgabe der beratenden Person, konkret nach Ausnahmen zu fragen, aktiv zuzuhören und darauf aufmerksam zu machen (Bamberger, 2015).

8. **Die Zukunft ist sowohl etwas Geschaffenes als auch etwas Verhandelbares.**
   Der achte und letzte Lehrsatz befasst sich mit einer bestimmten Sichtweise von lösungsorientierten Berater*innen. Diese Sichtweise beinhaltet die positive Grundhaltung, dass die Zukunft ein Ort voll Hoffnung ist und Menschen ihr Leben selbst gestalten und verändern können (de Shazer & Dolan, 2013).

   In der lösungsorientierten Beratung ist eine positive, respektvolle sowie optimistische Einstellung und Grundstimmung zentral. Aus dieser Grundhaltung entwickelt sich zwischen beratender Person und ratsuchendem Menschen eine kollegiale Beziehung (de Shazer, 2013), die ein Beratungssystem darstellt, mit dem Ziel, ein kooperatives Lösungssystem bzw. ein komplementäres Beratungssystem zu bilden (Bamberger, 2015).

8.4.3 Phasen

Der Beratungsprozess hat eine bestimmte Systematik und wird in mehrere Phasen unterteilt (Büker, 2009). Das Modell des lösungsorientierten Beratungsprozesses nach Bamberger (2015) beschreibt eine systematische Abfolge der einzelnen Phasen einer Beratung und dient als Übersicht für den lösungsorientierten Beratungsverlauf. Die Phasen lauten wie folgt:

- Synchronisation
- Lösungsvision
- Lösungsverschreibung
- Lösungsbegleitung
- Lösungsevaluation
- Lösungssicherung und Beratungsende

Lösungsorientierte Beratung ist ein zirkulär verlaufender Prozess. Er beginnt mit dem ersten Kontakt in der Beratung, dem Erstgespräch, das überwiegend aus den Phasen der Synchronisation, der Lösungsvision und der Lösungsverschreibung besteht. Jedes weitere Gespräch wird erneut mit der Synchronisationsphase begonnen und mit der Phase der Lösungsevaluation abgeschlossen. Im Gespräch entscheidet die ratsuchende gemeinsam mit der beratenden Person über den weiteren Beratungsverlauf bzw. darüber, an welcher Phase weitergearbeitet werden soll. Beispielsweise könnte in einem Folgegespräch eine erneute Lösungsvision und Lösungsverschreibung erforderlich sein oder ein nächster Schritt hin zur Lösungssicherung getan werden; demnach kann der Verlauf eines Beratungsgespräches variieren. Zudem wird im lösungsorientierten Beratungsprozess zwischen Beratungs- und Lebenswelt unterschieden. In der Beratungswelt – unabhängig davon, ob es sich um das Erst- oder ein Folgegespräch handelt – finden die einzelnen Phasen des Beratungsprozesses statt. Die Lebenswelt meint jenen Bereich, in dem die zu beratende Person auf sich gestellt an der Umsetzung der Lösungsverschreibung arbeitet (Bamberger, 2015).

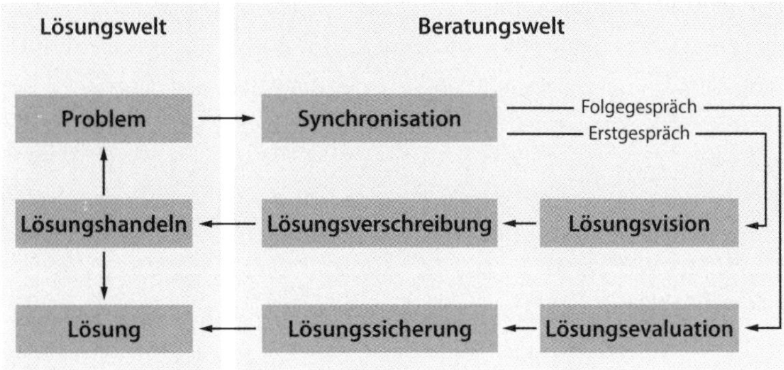

Abbildung 11: Lösungsorientierter Beratungsprozess (Bamberger, 2015, S. 82)

Synchronisation

Die erste Phase im Beratungsprozess wird als Synchronisation bezeichnet und stellt den Beginn des Beratungsgesprächs dar. Das Beratungssystem steht im Mittelpunkt (Bamberger, 2015), mit dem Ziel, dass sich die betreffende und die beratende Person kennenlernen und eine vertrauensvolle Beziehung aufbauen (Büker, 2009).

Wenden sich Klient*innen mit einem Problem an Berater*innen, wird den ratsuchenden Personen zu Beginn die Möglichkeit gegeben, sich vorzustellen und ihr Anliegen und die damit verbundenen Erwartungen mitzuteilen. Das Problem wird nur knapp behandelt (Bamberger, 2015). Für die beratende Person ist die umfassende Problembeschreibung für den weiteren Beratungsverlauf und die Lösungsfindung nicht zentral (de Shazer, 2010); vielmehr steht die Grundhaltung im Sinne einer empathischen und bedingungslosen Wertschätzung im Vordergrund (Kreddig & Karimi, 2013), die Bamberger (2015) auch als respektvolles Aufeinander-Zugehen beschreibt. Mit der Frage, was besprochen werden soll oder wie man helfen und unterstützen kann, wird die ratsuchende Person mit ihrem Problem empfangen und die Auftragsklärung eingeleitet, die zum Abschluss eines Kontrakts führen soll, der die beratende Person dazu berechtigt, einen nächsten Schritt im Sinne der fachlichen Unterstützung durch Prozessberatung zu gehen. Die explizite Formulierung eines Kontrakts ist nicht zwingend erforderlich, aber es gilt grundsätzlich zu klären, wie sich der weitere Gesprächsverlauf gestalten soll. Am Ende der Beratungsphase sind durch den Kontrakt der Arbeitsauftrag und die Erwartung der ratsuchenden Person geklärt; es hat sich ein kooperatives Lösungssystem gebildet (Bamberger, 2015).

Lösungsvision – Wunderfrage

Wenn der Arbeitsauftrag und die Erwartungen geklärt sind, folgt die Beratungsphase der Lösungsvision. In dieser Phase wird der Blick durch eine gezielt lösungsorientierte Frage in Richtung Zukunft gelenkt, um eine hypothetische Lösung zu entwickeln und Distanz zum Problem zu gewinnen (Bamberger, 2015). Dafür wird die Wunderfrage formuliert, die eine Vision ermöglichen soll und mit der die betreffende Person beschreiben kann, wie sich das Leben in Zukunft verändern kann (De Jong & Berg, 2003).

Die betreffende Person wird aufgefordert, sich vorzustellen, dass ein Wunder geschieht und die vorhandenen Probleme verschwunden sind. Sie beschreibt, wie sie die Situation wahrnimmt, wenn das Wunder eingetreten ist. Somit geraten auch die Anzeichen in den Blick, die darauf schließen lassen, dass die Probleme weg sind (de Shazer & Dolan, 2013). Nachdem die Frage gestellt worden ist, hat die beratende Person die Aufgabe, auf jene Ressourcen hinzuhören (Bamberger, 2010), an denen die ratsuchende Person beispielsweise am darauffolgenden Morgen erkennt, dass das Wunder geschehen ist (de Shazer & Dolan, 2013). Durch die Beschreibung und das Reden über die entstandene Vision erhält diese einen Realitätsbezug und führt zur Konstruktion einer Lösung, die zu lösungsorientiertem Handeln führen soll. Als Nächstes gilt es, die Lösungsvision zu fokussieren, indem beispielsweise danach gefragt wird, ob es Menschen im Lebensumfeld gibt, die in dieser Situation unterstützen könnten – mit dem Ziel, vorhandene Ressourcen herauszuarbeiten (Bamberger, 2015).

Beispiele für lösungsorientierte Wunderfragen (Bamberger, 2010):

- Angenommen, wir haben unser Gespräch erfolgreich abgeschlossen. Es sind einige Monate vergangen und Sie rufen Sie mich an, um mir zu erzählen, dass sich inzwischen vieles positiv entwickelt hat. Welche Unterschiede gäbe es zwischen Ihrem Verhalten dann und Ihrem heutigen Verhalten?
- Angenommen, Sie wachen morgen auf, das Wunder ist geschehen und Sie führen sämtliche therapie- und verhaltensbezogenen Behandlungsempfehlungen durch. Wie würde ein solcher Tag aussehen?
- Angenommen, Sie wären Ihre Arbeitgeberin bzw. Ihr Arbeitgeber. Welche Maßnahmen würden Sie einleiten, damit Sie während Ihrer Arbeitszeit Ihren Blutzuckermessungen nachgehen können?

Eine solche Frageformulierung kann das Gegenüber zu Beginn verunsichern. Sollte mit der Antwort „Ich weiß nicht" reagiert werden, wird empfohlen der ratsuchenden Person Zeit zum Nachdenken zu geben, indem mit den Worten „Das ist eine schwierige Frage" zu weiteren Überlegungen eingeladen wird. Es sollte eine kommentarlose Pause folgen, in der die beratende Person weder verbal noch nonverbal auf das Gegenüber eingeht, sondern ihm Zeit zum Nachdenken gibt (de Shazer & Dolan, 2013).

Je nachdem, wie die Reaktion ausgefallen ist, kann mittels **Skalierungsfrage** der Unterschied zum Beratungsbeginn eingestuft werden (de Shazer & Dolan, 2013). Skalierungsfragen werden so gestellt, dass ein Vergleich gezogen werden kann. Der zu beratenden Person wir vor

Beginn der Lösungsvision eine Frage gestellt, die es ermöglicht, ihren Zustand oder das Empfinden vor der Beratungssituation einzuschätzen. Nachdem die Lösungsvision stattgefunden hat, wird erneut nach dem Empfinden gefragt. Die betreffende Person schätzt dann bspw. ihren Zustand oder ihr Befinden auf einer Skala von 1 bis 10 ein. Dazu könnten folgende Fragen formuliert werden:

- Wie sicher fühlen Sie sich im Umgang mit …?
- Wie sicher fühlen Sie sich bei der Umsetzung der besprochenen therapiebezogenen Verhaltensänderungen in Ihre häusliche Umgebung?
- Wie zufrieden sind Sie mit den Hilfestellungen durch das Gespräch?

Lösungsverschreibung

Durch die Lösungsvision wird ein Perspektivenwechsel eingeleitet, welcher zu einer lösungsorientierten Sichtweise führt und das grundlegende Ziel des lösungsorientierten Beratungsansatzes ist. Als nächster Schritt wird eine Lösungsidee erarbeitet, die zur Lösungsverschreibung führen soll. Die Aufmerksamkeit richtet sich auf vorhandene Lösungspotenziale, d.h. Ressourcen. Voraussetzung dafür ist, dass sich die Klient*innen in einem aufnahmebereiten Zustand, einer Lösungstrance, befinden, damit die Informationen zur Problemlösung auch aufgenommen bzw. wahrgenommen werden können. Aus der emotionalen und motivationalen Befindlichkeit entsteht Handlungsbereitschaft (Bamberger, 2015). Unter der Annahme, dass sich durch spezifische Ziele Lösungen entwickeln, werden klare Zielformulierungen festgelegt (de Shazer, 2012).

Um eine sogenannte Lösungstrance herzustellen, wird die Aufmerksamkeit der Klient*innen auf mögliche Lösungspotenziale gelenkt. Die Berater*innen versuchen mittels Rapport, einer Nachdenkpause und positiver Konnotation die Aufmerksamkeit zu fördern. Rapport bedeutet hier eine gute Arbeitsbeziehung zwischen Klient*innen und beratender Person. Um diesen herzustellen, kommen beispielsweise das Komplimentieren (= verbal und nonverbal Komplimente machen) sowie die wertschätzende und empathische Verhaltensweise im Gespräch zum Einsatz. Mit Komplimenten wird Anerkennung für Geleistetes gegeben, um sich aktiv den Ressourcen der ratsuchenden Person anzunähern. Aber auch Pacing – das Angleichen der verbalen und nonverbalen Sprache an das Gegenüber – kann eingesetzt werden (Bamberger, 2015).

Bevor konkrete Zielformulierungen als Lösungsverschreibung festgelegt werden, wird eine Nachdenkpause initiiert (Bamberger, 2015). Sie dient dazu, über das bisher Geschilderte nachzudenken, und es wird der ratsuchenden Person kommuniziert, dass anschließend eine Rückmeldung formuliert werden soll (De Jong & Berg, 2003). In der Pause kann die beratende Person den Raum verlassen oder im Raum bleiben, um laut über den bisherigen Gesprächsverlauf nachzudenken (Bamberger, 2015). Die ratsuchende Person erhält zu diesem Zeitpunkt ebenso die Möglichkeit, den Raum zu verlassen, oder wird kurz in den Warteraum gebeten, wenn es einen solchen gibt. Dabei wird die betreffende Person darüber informiert, dass die Beratung weitergeht, sobald die Rückmeldung formuliert wurde. Diese Zeit wird genutzt, um über das Gespräch zu reflektieren, und sie aktiviert außerdem die Aufmerksamkeit und Erwartungsspannung der Klient*innen. Dadurch wird das Interesse für die anschließende Rückmeldung vermehrt (De Jong & Berg, 2003; Bamberger, 2015).

Die Rückmeldung seitens der beratenden Person erfolgt in einer bestimmten Struktur. Zu Beginn werden Komplimente gemacht, die dann zur Aufgabe (De Jong & Berg, 2003), aber auch zur Lösungsverschreibung überleiten, die eine handlungsorientierte Strategie beinhaltet (Bamberger, 2015). Ein Kompliment kann sich auf ein bestimmtes Verhalten der ratsuchenden Person beziehen, das als Ressource wahrgenommen wurde. Das Aufzeigen vorhandener Ressourcen dient einer besseren Selbstwahrnehmung und ist auch eine Einladung an die betreffende Person, sich selbst wertschätzend zu begegnen. Die erlebte Anerkennung und das Lob für bisherige Bemühungen bewirken, dass Klient*innen auf eigene Fähigkeiten und Stärken aufmerksam gemacht werden, und begünstigen den beabsichtigten Veränderungsprozess. Formulierungen können wie folgt lauten (Bamberger, 2015):

- Ich finde es bemerkenswert, wie Sie …!
- Es ist beeindruckend, wie gut es Ihnen gelingt …!
- Was mir gefällt, ist, dass Sie …!
- Ich sehe, wie viel Arbeit und Engagement Sie aufgewendet haben, um …!

Während des Gesprächs wird darauf geachtet, inwieweit von der zu beratenden Person bereits Ziele für mögliche Veränderungen formuliert wurden (De Jong & Berg, 2003). Die Berater*innen laden ein, eine *Hausaufgabe* zu entwickeln. Kommt der Lösungsvorschlag direkt von den Klient*innen, gestaltet sich die Lösungskonzeption optimal (Bamberger, 2010). Entstehen Schwierigkeiten bei der Formulierung, werden die geschilderten Vorschläge, wie eine Veränderung aussehen könnte, strukturiert (De Jong & Berg, 2003). Wurde von den Klient*innen selbst eine Lösung konzipiert bzw. wurde eine Lösungsverschreibung ausgehandelt, wird diese im Rahmen der Abschlusssicherung noch einmal festgehalten und im Bewusstsein verankert. Dabei wiederholt die zu beratende Person die Lösungskonzeption in eigenen Worten und die beratende Person dokumentiert die Formulierung der Lösungsverschreibung, welche den Betroffenen als Hausaufgabe mitgegeben wird (Bamberger, 2015).

An dieser Stelle kann es sein, dass die ratsuchende Person für die jeweilige Situation noch weitere Informationen benötigt, beispielsweise zum Krankheitsbild und/oder zu therapiebezogenen Verhaltensempfehlungen. Dadurch kann in dieser Phase der Prozessberatung eine Expert*innenberatung erforderlich werden, die dann als Komplementärberatung bezeichnet wird (Eichhorn & Schneider, 2013).

Im Rahmen der Lösungsverschreibung wird die Zielformulierung mittels SMART-Test geprüft, der als eine Art Checkliste fungiert und ursprünglich aus dem Projektmanagement stammt. SMART ist die Abkürzung der Erfolgsindikatoren für ein lösungsorientiertes Ziel: **S**pezifität, **M**achbarkeit, **A**ttraktivität, **R**elevanz und **T**onus. Bei der Überprüfung der Zielformulierung achtet man darauf, dass diese **spezifisch** ist und sich konkret und in einer detaillierten Beschreibung auf die zukünftigen situationsbezogenen Verhaltensweisen bezieht. **Machbarkeit** ist das Kriterium, das überprüft, ob das gewünschte Ziel umzusetzen ist. Die **Attraktivität** prüft, ob das Ziel auch wirklich gewollt wird bzw. einen emotionalen Wert hat. **Relevanz** fragt danach, ob das Ziel einen Unterschied zur momentanen Situation ermöglicht. **Tonus** achtet darauf, ob bei der ratsuchenden Person positive organismische Reaktionen zu beobachten sind. Tonus meint den energiegeladenen Spannungszustand, der durch den Organismus mitgetragen wird. So wird beispielsweise durch die Sprache signalisiert, ob die ratsuchende Person das Ziel als positiv empfindet (Bamberger, 2010). Das Ziel muss für sie wichtig sein und das widerspiegeln, was sie in ihrem Leben verändern will, wodurch die Motivation, daran zu arbeiten, gesteigert wird (De Jong & Berg, 2003).

Finden sich die Erfolgsindikatoren in der Lösungsverschreibung der entwickelten Hausaufgabe wieder, sind die Klient*innen der Einladung, etwas anders zu machen, gefolgt. Abschließend wird gemeinsam entschieden, ob die Beratungssituation beendet oder ein weiteres Gespräch vereinbart werden soll (Bamberger, 2015).

Lösungsbegleitung

Ein Ziel der Kurztherapie ist, dass die Klient*innen so bald wie möglich in ihr gewohntes Lebensumfeld zurückkehren können (de Shazer, 2012). Diese Phase des Beratungsprozesses findet nicht im Beratungszimmer statt. Die Klient*innen befinden sich zu diesem Zeitpunkt wieder in ihrer gewohnten Lebensumwelt, in welcher die vereinbarten Lösungsschritte realisiert werden. Die betreffenden Personen werden in dieser Phase des Beratungsprozesses mittels Prompting – das bedeutet verbale und verhaltensmäßige Hilfestellung – begleitet. Die Begleitung kann in Form von Briefen, E-Mails oder Telefonaten erfolgen. Die Klient*innen erhalten in diesem Rahmen die Möglichkeit, bei auftauchenden Fragen telefonisch Kontakt aufzunehmen, es kann aber auch die beratende Person entsprechende Informationen, welche zu diesem Zeitpunkt wichtig sind, nachreichen. Diese Phase bietet der ratsuchenden Person Unterstützung bei der Umsetzung einzelner Schritte in ihrer Umgebung bzw. Lebenswelt (Bamberger, 2010).

Lösungsevaluation

In der Phase der Lösungsevaluation hat ein erneutes Gespräch begonnen – wiederum mit einer vorangegangenen Synchronisationsphase, um einen Rapport herzustellen. Die beratende Person achtet in dieser Phase auf jede einzelne Veränderung, die sich durch die Lösungsverschreibung seit dem letzten Zusammentreffen entwickelt hat, und bestätigt auch in diesem Zusammenhang jede Entwicklung, die zu einem Veränderungsprozess führt, mit Komplimenten. Mit dem Ziel einer neuen Lösungsverschreibung werden erneut Ressourcen identifiziert, die dabei unterstützen, weitere Schritte hin zur Lösung zu unternehmen (Bamberger, 2015).

Lösungssicherung und Beratungsende

Die letzte Beratungsphase besteht aus der Lösungssicherung und dem Beratungsende. Wenn die Klient*innen das Gefühl haben, eine Situation, die zu Beginn problematisch gewirkt hat, gestärkt, kompetent und effektiv handelnd annehmen zu können, haben sie einen Veränderungsprozess durchlaufen und das Ziel im Sinne der lösungsorientierten Beratung erreicht (Bamberger, 2015). An dieser Stelle können, wenn weiterer

Unterstützungs- und/oder Informationsbedarf besteht, der zu beratenden Person erneut Informationen über weitere Möglichkeiten der Unterstützung gegeben werden. Nachdem im Idealfall das Gespräch für beide Seiten zufriedenstellend war, wird die Beratung offiziell beendet (Büker, 2009).

8.4.4 Lösungsorientierter Werkzeugkoffer

Für einen konstruktiven Beratungsprozess braucht es den Wunsch der ratsuchenden Person, eine Veränderung in Angriff zu nehmen. Ist dies der Fall, benötigen Berater*innen die Fähigkeit, zu erkennen, wo die Klient*innen Schwierigkeiten und/oder ein bestimmtes Anliegen haben. Oftmals fällt es den Betroffenen schwer, ihre Probleme klar darzulegen. Die Aufgabe der Berater*innen ist es, dabei zu unterstützen, diese Probleme zu verbalisieren und einzukreisen, um konkrete Maßnahmen ableiten zu können (Schein, 2010).

Im Rahmen des Beratungsprozesses moderiert die beratende Person und unterstützt die ratsuchende Person dabei, persönliche Kompetenzen und Ressourcen zu identifizieren und zu aktivieren, sodass Veränderung möglich wird – mit dem Ziel, deren Selbstwirksamkeit zu fördern. Für die Gestaltung des Beratungsprozesses werden bestimmte Techniken aus dem sogenannten Werkzeugkoffer benötigt. Dazu gehören unter anderem das **Sich-Einlassen** auf die Klient*innen durch Zuhören, die **Fragenformulierung**, um durch die Wahrnehmung der Ressourcen eine Perspektivenerweiterung zu ermöglichen, die **Wertschätzung** als Verstärker vorhandener Ressourcen und Kompetenzen sowie die **Ermutigung**, diese auch zu nutzen, um Veränderung zu initiieren (Bamberger, 2015).

Die erste Methode aus dem Werkzeugkoffer ist das aktive Zuhören. **Aktives Zuhören** dient dem Verstehen der betreffenden Person im Beratungsgespräch, um auf deren Bedürfnisse und Anliegen besser eingehen zu können. Dadurch können Beweggründe und Gefühle ermittelt werden (Kreddig & Karimi, 2013). Zudem fühlt sich die betreffende Person durch die Wertschätzung, die ihr in diesem Moment und in ihrer Situation entgegengebracht wird, wahrgenommen. Das ist vor allem für die Beziehungsgestaltung zu Beginn und auch für den weiteren Beratungsverlauf wesentlich. Die Methode des aktiven Zuhörens und die damit verbundene Kompetenz während des gesamten Gesprächsverlaufs, auf Ressourcen der Klient*innen aufmerksam hinzuhören, ist eine bedeutende Aufgabe von beratenden Personen (Bamberger, 2015).

Ein lösungsorientiertes Beratungsgespräch stellt einen Prozess dar, der durch das **Formulieren von Fragen** gestaltet wird, was Aufgabe der Berater*innen ist (De Jong & Berg, 2003). Unterschiedlich formulierte Fragen ermöglichen einen zielgerichteten Dialog und haben vier wesentliche Funktionen (Bamberger, 2015):

- **Klärung** eines Anliegens, die gleichzeitig Gelegenheit für die erforderliche Informationssammlung bietet;
- **Fokussierung** durch zielgerichtete Fragen, um die Aufmerksamkeit in Richtung Zukunft zu lenken;
- **Presensing**, das ist jene Funktion der Fragenformulierung, die einen Perspektivenwechsel ermöglicht und zukünftige Situationen ins Bewusstsein holt;
- **Verstärkung** vermittelt den Klient*innen Wertschätzung für bisher Geleistetes, mit dem Ziel, die eigene Gestaltungsfähigkeit bewusst zu machen und zu fördern.

Das Formulieren von Fragen im Sinne der Prozessberatung ist in der lösungsorientierten Beratung zentral, um beispielsweise weitere Informationen einzuholen, Fragen zu klären und/oder die Sichtweise im Umgang mit einer Situation zu verändern sowie auf Stärken bzw. Kompetenzen aufmerksam zu machen (Bamberger, 2015). Damit sich die ratsuchende Person optimal in das Gespräch einbringen kann, werden offene Fragen gewählt (Kreddig & Karimi, 2013).

Die Fragen sollten sogenannte W-Fragen sein, d. h. es wird nach dem Wer, Was, Wann, Wo und Wie gefragt, und sollten sich auf die Aussagen der ratsuchenden Person beziehen (De Jong & Berg, 2003). So wird die Aufmerksamkeit auf den betreffenden Sachverhalt gelenkt und die Klient*innen setzen sich konkret mit der Situation auseinander (Bamberger, 2015). Warum-Fragen sollten vermieden werden, weil sie dazu verleiten, das Problem selbst zu analysieren und demnach nicht zur Lösung führen (De Jong & Berg, 2003). Das Ziel einer Frage ist nicht die Beschäftigung mit der Ursache des Problems, sondern die Auseinandersetzung mit dem, was unterstützen kann oder bisher unterstützt hat, um Ressourcen sichtbar zu machen (Bamberger, 2010). Beispielsweise ermöglicht die Frage danach, wie der Lebensstil verändert werden soll, einen lösungsorientierten Prozess (De Jong & Berg, 2003).

Eine besondere und wesentliche Fragenformulierung in der lösungsorientierten Beratung ist die lösungsorientierte Zentralfrage oder Wunderfrage, die in Kap. 8.4.3 bereits beschrieben wurde. Außerdem kommen Skalierungsfragen zur Anwendung (siehe ebenfalls Kap. 8.4.3).

Der lösungsorientierte Beratungsprozess wird durch eine Aneinanderreihung gezielt lösungsorientierter Fragen gestaltet und verfolgt das Ziel, Suchprozesse anzuregen und Lösungskompetenz und Selbstbewusstsein zu verbessern. Die Fragen werden, abhängig von der Intention, beispielsweise als Begrüßungsfragen, Einladungsfragen, Verstärkerfragen, Skalierungsfragen oder Ressourcenfragen formuliert (Bamberger, 2015).

Wertschätzung ist in der lösungsorientierten Beratung eine Grundhaltung, eine Methode und somit ein bedeutendes Werkzeug, durch das soziale Bindung gefördert, der Selbstwert verbessert und lösungsbezogenes Handeln unterstützt werden kann (Bamberger, 2015). Aus neurobiologischer Sicht kann dies damit begründet werden, dass durch zwischenmenschliche Wertschätzung, Anerkennung und Zuwendung die Wohlfühlbotenstoffe Dopamin, endogene Opioide und Oxytocin freigesetzt werden und schließlich zu einem motivierten und kooperativen Verhalten führen (Bauer, 2008). Demnach ist eine wertschätzende, empathische, ehrliche sowie nicht wertende Grundhaltung im Beratungsgespräch wertvoll (Hausmann, 2005).

Lösungsorientierte Berater*innen bedienen sich im Gespräch auch der Methode der **Ermutigung zu Lösungsaktivitäten** durch aktive Zuwendung zu vorhandenen Ressourcen, immer geprägt von Wertschätzung. Durch Komplimentieren sollen die Klient*innen ermutigt werden, vorhandene Ressourcen durch eigenes Handeln in den Lebensalltag zu integrieren (Bamberger, 2015), siehe dazu Kap. 8.4.3.

9 Pflege- und Praxisentwicklung/ Organisationsberatung in der Pflege

Grundsätzlich versteht sich das Konzept der Pflege- und Praxisentwicklung nicht nur als Theorie, die versucht, die Implementierung und den Transfer von wissenschaftlichen Erkenntnissen in die Praxis darzustellen. Praxisentwicklung meint vielmehr alle Aktivitäten, die notwendig sind, um Leistungen in hoher Qualität anzubieten (Frei & Spirig, 2009). Diesem Konzept liegen wissenschaftliche Ansätze zugrunde, die in diesem Buch jedoch nicht vertieft behandelt werden. Nachfolgend werden die Rollen der Praxisentwicklung und Beratung in der Pflegepraxis dargestellt. Als praxisnah und relevant erachten die Autor*innen die kollegiale Beratung und die Fallbesprechung, welche zwei unterschiedliche Möglichkeiten der Organisationsberatung darstellen und im Folgenden vorgestellt werden.

9.1 Ziel der Praxisentwicklung

Um zu verstehen, was Praxisentwicklung ist, sei von den bestehenden Definitionen eine herausgegriffen, die wie folgt lautet:

> *„Praxisentwicklung ist definiert als kontinuierlicher Prozess, der auf Effektivitätssteigerung in der patientenzentrierten Versorgung abzielt. Dieses Ziel wird dadurch erreicht, dass die Gesundheitsteams in die Lage versetzt werden, ihre Kenntnisse und Fähigkeiten zu entwickeln und die Kultur und den Kontext der Versorgung zu verändern. Der Prozess wird in die Wege geleitet und unterstützt von Personen, die sich methodisch exakten und kontinuierlichen Prozessen emanzipatorischer Veränderung, die die Perspektive der Dienstleistungsnutzer berücksichtigen, verpflichtet fühlen." (McCormack, Manley & Garbett, 2009, S. 88)*

Um eine Effektivitätssteigerung anzustoßen, gilt es, Kenntnisse und Fähigkeiten zu entwickeln, um Pflegende in die Lage zu versetzen, die Kultur und den Versorgungskontext zu verändern, diese Veränderung kompetent zu begleiten und einen systematischen, exakten und kontinuierlichen Prozess der Veränderung zu ermöglichen. Praxisentwicklung richtet sich demzufolge direkt an die Praxis und soll Einfluss darauf nehmen, wie Pflegende mit Patient*innen sowie deren Angehörigen arbeiten. Hauptziel der Praxisentwicklung ist es, eine Versorgungskultur so zu verändern, dass sie in einem anspruchsvollen und komplexen Kontext patientenzentriert, evidenzbasiert und zunehmend wirksamer wird. Die Kultur am Arbeitsplatz der Pflegenden gilt dabei als wichtigster Einflussfaktor (Frei & Spirig, 2009).

9.2 Der Einfluss der Kultur in der Praxisentwicklung

Kultur ist ein schwierig zu definierender Begriff. In diesem Buch gehen wir davon aus, dass Kultur nicht objektiv bestimmbar oder messbar ist. Jeder Aspekt einer Organisation ist ein Teil einer Kultur, der nicht von den anderen Teilen losgelöst betrachtet werden kann. Die Kultur in einer Organisation bezieht sich auf Werte und Praktiken, die für alle beteiligten Personen bindend sind. Die Mitglieder einer Organisation weisen diese sogenannten Grundannahmen auf, die sie dazu veranlassen, auf eine bestimmte Art und Weise zu handeln. Diese Handlungen werden durch Werte, Überzeugungen und Verhaltensnormen bestimmt. Gemeinsame implizite Auffassungen, Erwartungen und Übereinkünfte einer Gruppe in einer Organisation werden auch an neue Mitarbeiter*innen weitergegeben. Grundannahmen sind akzeptierte Wahrheiten, die im Unbewussten wirken und als selbstverständlich gelten (Frei & Spirig, 2009). Die Kultur einer Organisation bestimmt die Handlungen der Mitglieder einer Organisation, unabhängig von der hierarchischen Ebene.

Transformationale Kultur

Transformationale Kultur bewirkt bei Mitarbeiter*innen Motivation zur Veränderung. Sie setzt voraus, dass sich alle beteiligten Personen verändern wollen. Führungspersonen und deren Verhalten spielen dabei eine wesentliche Rolle. Durch ihre Vorbildfunktion erlangen sie Vertrauen, Respekt und Wertschätzung der Mitarbeiter*innen. Diese wiederum werden dadurch inspiriert sich im Verhalten sowie in der Arbeits- und Leistungsbereitschaft zu verändern.

Transformationale Kultur beinhaltet folgende Komponenten:

- Empowerment der Mitarbeiter*innen,
- Praxisentwicklung und
- Arbeitsplatzmerkmale.

Diese Komponenten ermöglichen eine Versorgung von Patient*innen, die von hoher Qualität geprägt ist. In der nachfolgenden Grafik und der anschließenden Tabelle wird anhand eines Beispiels dargestellt, welche Eigenschaften, Kenntnisse, Fähigkeiten und Kompetenzen eine beratende Pflegeperson in einer Organisation benötigt.

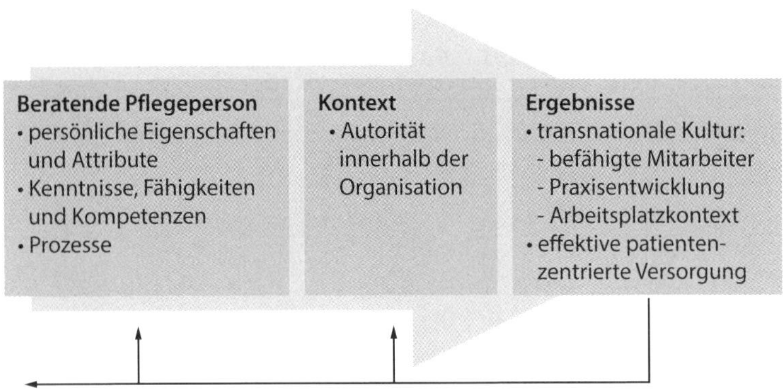

Abbildung 12: Transformationale Kultur (Frei & Spirig, 2009), modifiziert durch Hacker, Slobodenka & Titzer

Ausgehend von der beratenden Pflegeperson bewegt sich der Prozess über die Kontextfaktoren einer Institution hin zu den Ergebnissen der Kulturentwicklung.

Persönliche Eigenschaften und Attribute	• patientenzentriert arbeiten • erreichbar, zugänglich, flexibel • begeisterungsfähig • selbstbewusst und einfühlsam • teamfähig • strategisch klug • akademisch orientiert
Kenntnisse, Fähigkeiten und Kompetenzen	• Pflegepraxis als Spezialistin oder Spezialist • Forschung und Evaluation in der Praxis • Praxisentwicklung und Begleitung bei Veränderungen • Wissensvermittlung und Lernen in der Praxis • Beratung im klinischen Bereich bis hin zur Organisation • Management und Leadership
Prozesse	• gemeinsame Ausrichtung entwickeln • inspirieren und kommunizieren • Vertrauen aufbauen • hinterfragen und animieren • Selbstreflexion praktizieren • Einbindung und Zusammenarbeit aller Betroffenen fördern • Lernen auf individueller und kollektiver Organisationsebene begleiten

Tabelle 11: Kenntnisse, Fähigkeiten, Attribute und Prozesse der beratenden Person (Frei & Spirig, 2009), modifiziert durch Hacker, Slobodenka & Titzer

Pflegende, die im Rahmen der Praxisentwicklung tätig sind, erreichen durch Begleitung und Beratung eine veränderte Arbeitsweise, ein klares Zielbewusstsein, offene Kommunikation, gemeinsames Hinterfragen, gegenseitige Unterstützung und eine patientenzentrierte Versorgung.

Erkenntnisse zu speziellen Fragestellungen werden in und durch die Praxis generiert und mithilfe methodischer Ansätze auf individueller und kollektiver Ebene bearbeitet (Frei & Spirig, 2009).

Als methodischer Ansatz wird im nachfolgenden Kapitel die kollegiale Beratung beschrieben. Sie gilt als sehr praxisnahe Methode, um klinische Fragestellungen innerhalb der Pflege systematisch zu bearbeiten.

9.3 Kollegiale Beratung

Kollegiale Beratung ist eine Form der selbstgesteuerten Problembearbeitung, die ihren Ursprung in den pädagogischen und sozialen Berufsfeldern hat und oftmals auch als Ergänzung zur Supervision zum Einsatz kommt. Heute ist das Konzept der kollegialen Beratung in der Personalentwicklung anerkannt und fixer Bestandteil in der Aus- und Weiterbildung von Führungspersonen (Tietze, 2015).

Der Grundgedanke der kollegialen Beratung ist, dass die Teilnehmer*innen ihre Erfahrungen und ihr Wissen nutzen, um praxisnahe Problemlösungen mit dem Ziel der Kompetenzerweiterung der Gruppenmitglieder zu entwickeln. Kollegiale Beratung ist also eine Kombination aus Konzeption und Alltagserfahrung der Teilnehmer*innen und wird als semiprofessionelle Beratungsform bezeichnet. Sie hat zum Ziel, Lösungen für berufsnahe Probleme zu finden, und zwar anhand der Reflexion der Mitarbeiter*innen und der Entwicklung von Ideen, wie das Wohlbefinden im Berufsalltag verbessert werden kann. Anhand empirischer Untersuchungen konnte man nachweisen, dass sich die Implementierung der kollegialen Beratung positiv auf die Kompetenzen und das berufliche Handeln der Mitarbeiter*innen in Bezug auf Beratung und Kommunikation auswirkt (Roddewig, 2014).

Definition

„Kollegiale Beratung ist ein strukturiertes Beratungsgespräch in einer Gruppe, in dem ein Teilnehmer von den übrigen Teilnehmern nach einem feststehenden Ablauf mit verteilten Rollen beraten wird mit dem Ziel, Lösungen für eine konkrete berufliche Schlüsselfrage zu entwickeln." (Tietze, 2015, S. 11)

9.3.1 Kollegiale Beratung in der Pflege

In der Pflege ist Beratung eine wichtige Aufgabe. Mit der kollegialen Beratung findet ein Austausch zwischen Kolleg*innen statt, Wissen und Erfahrungen können effizienter genutzt und Belastungen im Team reduziert werden. Kapsch (2012) ist der Frage nach der Umsetzbarkeit der kollegialen Beratung in der Pflege nachgegangen. Anhand eines qualitativen Forschungsdesigns konnte sie zeigen, dass Pflegepersonen den Austausch von Erfahrung und Wissen als positiv einschätzen und somit von anderen lernen. Dadurch werden ein erweiterter Wissenstransfer und die Entwicklung von Kompetenzen ermöglicht. Als Grundvoraussetzungen für die kollegiale Beratung werden insbesondere Vertrauen, Freiwilligkeit und die Kooperation der Teilnehmer*innen genannt. Für das Prinzip der Gleichberechtigung ist es von Bedeutung, dass keine hierarchisch höher gestellte Person anwesend ist. Für die Implementierung dieser Beratungsform hat es sich als Vorteil erwiesen, wenn die Moderator*innenrolle von einer teilnehmenden Person übernommen wird, die mit diesem Konzept vertraut ist. Kapsch (2012) konnte zeigen, dass das Konzept der kollegialen Beratung in der Pflege nicht nur Perspektiven bieten kann, um Probleme gemeinsam zu erkennen, zu verstehen und zu lösen, sondern dass es auch einen Beitrag zur Qualitätsentwicklung in der Pflege leisten kann.

Roddewig (2014) hat mit ihrer Dissertation die kollegiale Beratung an einer Ausbildungseinrichtung in Deutschland für Lernende in die Ausbildung der Gesundheits- und Krankenpflege implementiert. Ziel war es, dass Auszubildende anhand der kollegialen Beratung Methoden erlernen und anwenden, mit deren Hilfe sie im Laufe der Ausbildung Probleme bewältigen und somit die Stressbelastung reduzieren können. Für das Erlernen der kollegialen Beratung wurden einzelne Methoden ausgewählt, und der Phasenverlauf wurde modifiziert, indem bewusst auf die zeitliche Vorgabe verzichtet wurde. Das Konzept war Teil der Pflegeausbildung; deshalb wurden alle Auszubildenden angeleitet, die Methode der kollegialen Beratung zu erlernen, wodurch jedoch der Grundsatz der Freiwilligkeit aufgehoben wurde. Die Daten wurden anhand von qualitativen und quantitativen Forschungsdesigns erhoben. Die Auswertung hat gezeigt, dass Lernende Stresssituationen besser einzuschätzen lernten und Handlungs- und Problemlösungskompetenzen entwickelten. Bei diesem Projekt stand der Erwerb von Kommunikations- und Beratungskompetenz im Vordergrund (Roddewig, 2016).

9.3.2 Merkmale der kollegialen Beratung

Kollegiale Beratung ist ein selbstgesteuerter Beratungsprozess. Beratung findet hier nicht im Beisein von Beratungsexpert*innen statt, sondern alle Beteiligten tragen Verantwortung für den Beratungsprozess. Diese Form der Beratung findet in der Gruppe statt. Kollegiale Beratung hat einen vorgegebenen Ablauf, dieser ist somit transparent. Dieser Ablauf orientiert sich an einer Struktur, mit dem Ziel der Problemlösungsstrategie. Er ist den Beteiligten bekannt, wodurch der Beratungsprozess für die Teilnehmer*innen transparent ist und Stagnation verhindert wird. Jede beteiligte Person erhält im Beratungsprozess eine bestimmte Rolle, wodurch die Aufgaben klar verteilt sind und damit verbundene

Aktivitäten deklariert werden. Die betroffenen Mitarbeiter*innen werden auf diese Weise zu aktiv Beteiligten im Beratungsprozess. Alle Beteiligten sind gefordert, sich durch ihr Fachwissen, ihre Erfahrungen und Kompetenzen aus der Berufspraxis aktiv einzubringen. Berufliche und arbeitsbezogene Themen stehen bei der kollegialen Beratung im Mittelpunkt. Es werden Lösungen für Probleme in der Berufspraxis entwickelt. Themen, die keinen konkreten Bezug zur Berufspraxis haben, oder Konflikte zwischen Mitarbeiter*innen werden in der kollegialen Beratung nicht bearbeitet.

Die Kollegialität in der kollegialen Beratung bezieht sich auf (Tietze, 2015):

- die wechselseitige Hilfsbereitschaft der Teilnehmer*innen,
- die Zusammensetzung der Gruppe,
- die Umkehrbarkeit der Beratungsbeziehung und
- die Gleichberechtigung der Gruppenmitglieder.

Die kollegiale Beratung orientiert sich an der Prozessberatung (siehe Kapitel 3.4.2). Kennzeichnend für die kollegiale Beratung ist eine selbstorganisierte Gruppe ohne Begleitung durch eine Expertin bzw. einen Experten, in der die Teilnehmer*innen gleichwertig sind und in der eine wertschätzende Grundhaltung sowie gegenseitiges Vertrauen Grundvoraussetzungen sind. Der Ablauf folgt festgelegten Regeln, einem Phasenschema und einer Zeitvorgabe, wobei diese unterschiedlich sein kann. Im Laufe der kollegialen Beratung nehmen die Teilnehmer*innen durch die Anwendung eines Rotationsprinzips unterschiedliche Rollen ein. Dadurch wird der Gefahr einer Rollenfestlegung vorgebeugt. Voraussetzung für die kollegiale Beratung ist die aktive Beteiligung der Teilnehmer*innen. Die wichtigste Ressource bei dieser Form der Beratung sind die Beteiligten selbst – sie tragen durch ihr Fachwissen und ihre berufliche Erfahrung zur Entwicklung einer Lösung bei (Roddewig, 2014).

9.3.3 Rollen in der kollegialen Beratung

In der kollegialen Beratung gilt das Prinzip der Gleichberechtigung, wodurch eine Begegnung der Teilnehmer*innen auf Augenhöhe stattfindet. Die Rollen der Beteiligten wechseln von Beratung zu Beratung. Nachfolgend werden die Rollen und deren Aufgaben in den einzelnen Phasen der kollegialen Beratung beschrieben (Tietze, 2015).

1. **Der/die Fallerzähler*in**

   Für die fallerzählende Person stehen der Fall und die dazugehörigen Fragen im Mittelpunkt. Sie trägt der Gruppe ihr Problem vor, um gemeinsam Lösungsmöglichkeiten zu erarbeiten. Sie entscheidet über den Inhalt des Beratungsprozesses, während die moderierende Person für den strukturierten Ablauf verantwortlich ist.

2. **Der/die Moderator*in**

   Der/die Moderator*in ist für die Leitung der Beratungsrunde und der Gruppenprozesse verantwortlich. Er/sie aktiviert die teilnehmenden Personen und hat engen Kontakt zur fallerzählenden Person, damit die Beratung in deren Sinne verläuft. Der/die Moderator*in hat die Aufgabe, den Beratungsdurchgang zu eröffnen, die einzelnen Beratungsphasen zu verknüpfen und in die nächste Phase überzuleiten. Er/sie ist auch dafür verantwortlich, dass die Teilnehmer*innen ihre Rolle einhalten und der Fokus auf das Anliegen/Problem der fallerzählenden Person gelenkt wird. Bei Abweichungen hat die moderierende Person die Aufgabe, die Beteiligten zum Beratungsprozess zurückzuholen. Sie sollte in ihrer Funktion darauf achten, dass alle Beteiligten dem Beratungsprozess folgen können und dass Zeitvorgabe und Beratungsstruktur eingehalten werden.

3. **Der/die Berater*in**

   Die Berater*innen entwickeln Gedanken, Ideen und Fragen, um die fallerzählende Person bei der Beantwortung der Schlüsselfrage zu unterstützen. Die Aufmerksamkeit ist dabei auf die Schilderung des Falles gerichtet.

Mögliche weitere Rollen können sein (Tietze, 2015):

4. **Der/die Sekretär*in**
   Der/die Sekretär*in hat die Aufgabe, Ideen und Gedanken für Lösungsvorschläge aufzuschreiben, insbesondere in der Beratungsphase. Die Beiträge werden wörtlich notiert, weil Umformulierungen zu einer Verfälschung führen könnten. Der/die Sekretär*in soll den/die Fallerzähler*in entlasten, damit diese*r sich auf das Zuhören konzentrieren und am Ende mithilfe der Notizen über Lösungsvorschläge reflektieren kann. Der/die Sekretär*in wird nach dem Wunsch der fallerzählenden Person festgelegt.
5. **Der/die Prozessbeobachter*in**
   Der/die Prozessbeobachter*in nimmt nicht an der Beratung teil, sondern beobachtet den Beratungsprozess und gibt der Gruppe am Ende ein Feedback darüber, was gut und was weniger gut gelaufen ist. Die Prozessbeobachtung dient der Qualitätssicherung und Qualitätsentwicklung in der kollegialen Beratung.

9.3.4 Phasen der kollegialen Beratung

Die kollegiale Beratung besteht aus unterschiedlichen Phasen. Der klar strukturierte Ablauf ist der Erfolgsfaktor dieser Methode. Durch die unterschiedlichen Phasen wird die Beratung gegliedert und Problemfelder werden identifiziert (Schmid, Veith & Weidner, 2013).

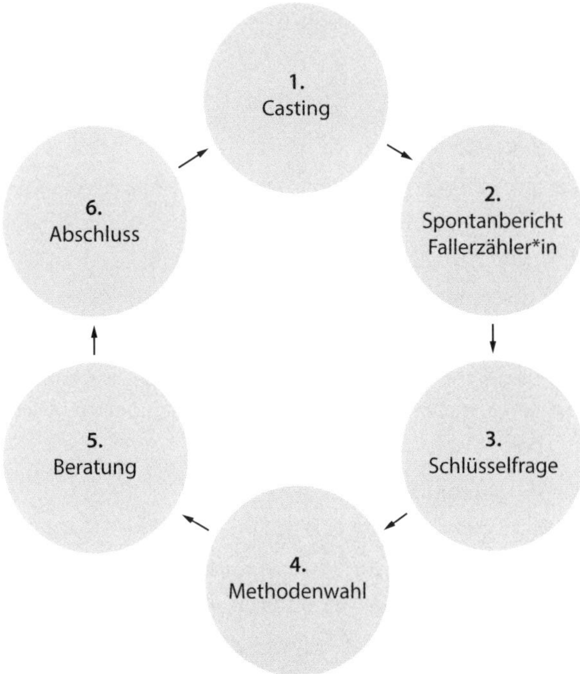

Abbildung 13: Die sechs Phasen der kollegialen Beratung (Tietze, 2015), modifiziert durch Hacker, Slobodenka & Titzer

9.3.5 Vorbereitung der kollegialen Beratung

Für eine kollegiale Beratung sollte ein ungestörter Raum zur Verfügung stehen. Um eine gute Atmosphäre zu schaffen, werden Stühle im Kreis aufgestellt. Benötigte Materialien wie Flipchart, Papier und Stifte sollten bereitgestellt werden, um die Ideen der Berater*innen schriftlich festhalten zu können. Ein Orientierungsblatt, das die Phasen und deren Leitfragen beinhaltet, sollte zur Information für die Teilnehmer*innen aufgehängt werden (Tietze, 2015).

Phasen	Zeit
1. Casting	
Die Rollen der Teilnehmer*innen werden vergeben. Moderator*in und Fallerzähler*in werden festgelegt, die übrigen Personen werden zu Berater*innen ernannt. Durch den/die Moderator*in werden die Beteiligten angeleitet, ggf. werden auch eine Sekretärin bzw. ein Sekretär und eine prozessbeobachtende Person festgelegt.	5 min
Leitfragen: Welche Fälle gibt es? Wer übernimmt welche Rolle?	
2. Spontanbericht der fallerzählenden Person	
Die fallerzählende Person stellt das Problem dar. Der/die Moderator*in unterstützt sie durch gezieltes Nachfragen. Am Ende können die Berater*innen noch Verständnisfragen stellen.	5–10 min
Leitfragen: Worum geht es? Wie stellt sich die Situation für die fallerzählende Person dar?	
3. Schlüsselfrage	
Die Schlüsselfrage, die zur Klärung des Problems/der Situation im Beratungsprozess dient, wird formuliert.	5 min
Leitfrage: Welchen Klärungswunsch hat die fallerzählende Person in Bezug auf ihre Situation?	
4. Methodenwahl	
Mittels Schlüsselfrage, Thema und Hintergrundinformation wird die Beratungsmethode ausgewählt. Der/die Moderator*in nimmt in dieser Phase eine wichtige Rolle ein.	5 min
Leitfrage: Welche Beratungsmethode soll gewählt werden?	

5. Beratung	
Die Berater*innen sammeln Lösungsmöglichkeiten, je nach gewählter Methode. Die fallerzählende Person hört zu und lässt die Ideen und Gedanken auf sich wirken.	10 min
Leitfrage: Was geben wir der fallerzählenden Person in Bezug auf ihre Schlüsselfrage mit?	
6. Abschluss	
Die fallerzählende Person gibt den Teilnehmer*innen Rückmeldung zu ihren Ideen und Gedanken. Gibt es eine prozessbeobachtende Person, hat sie die Aufgabe, den Teilnehmer*innen Rückmeldung über den Beratungsprozess zu geben.	5 min
Leitfrage: Was nimmt die fallerzählende Person aus der kollegialen Beratung mit?	
Gesamt	35–45 min

Tabelle 12: Phasen der kollegialen Beratung (Tietze, 2015), modifiziert durch Hacker, Slobodenka & Titzer

Phase 1: Casting

In dieser Phase werden die Rollen für den Beratungsprozess festgelegt. Die drei Hauptrollen sind der/die Moderator*in, der/die Fallerzähler*in und der/die Berater*in. Bei einer Gruppe mit mehr als fünf Teilnehmer*innen können auch ein/e Sekretär*in und ein/e Prozessbeobachter*in festgelegt werden. Eine kollegiale Beratung kann auch mehrere Beratungsrunden umfassen. Dann wird in der ersten Phase vor Beginn der Beratung eine Anfangsrunde gemacht, um das aktuelle Anliegen sowie das weitere Anliegen und den Verlauf für die Teilnehmer*innen zu erläutern. Die moderierende Person übernimmt ab der ersten Phase die Anleitung und führt in die nächste Phase der Beratung über (Tietze, 2015).

Phase 2: Die Spontanerzählung

In dieser Phase schildert die fallerzählende Person ihr Anliegen. Um sich auf die wesentlichen Aspekte zu beschränken, sind für die Fallerzählung 5–10 Minuten vorgesehen. Die übrige Zeit ist dazu da, dass die Teilnehmer*innen der fallerzählenden Person Fragen stellen können, falls etwas unklar ist (Tietze, 2015).

Phase 3: Die Schlüsselfrage

Mit der Formulierung einer Schlüsselfrage durch die fallerzählende Person wird ihr Anliegen erarbeitet. Die Schlüsselfrage dient dem weiteren Verlauf der Beratung. Damit wird das Problem von der Lösungsfokussierung getrennt. Die moderierende Person unterstützt die fallerzählende Person bei der Formulierung der Schlüsselfrage. Bei Bedarf können auch die Berater*innen miteinbezogen werden und Vorschläge machen, die die fallerzählende Person dann annimmt oder ablehnt. Die Schlüsselfrage sollte von der fallerzählenden Person an die Berater*innen gerichtet werden. Sie kann folgendermaßen formuliert sein: „Was kann ich tun, um etwas zu erreichen, zu verändern oder zu verhindern?“ (Tietze, 2015)

Praxisbeispiel – die Schlüsselfrage

In einer kollegialen Beratungssituation, in der es um die Integration eines neuen Mitarbeiters geht, könnte die Schlüsselfrage lauten: „Was kann ich tun, um den neuen Mitarbeiter bei der Integration ins Team zu unterstützen?“

Nach der Formulierung der Schlüsselfrage geht die Beratungsrunde in die nächste Phase über.

Phase 4: Methodenwahl

Dem Beratungsteam stehen verschiedene Methoden zur Bearbeitung der Schlüsselfrage zur Verfügung, z. B. Brainstorming. Die Wahl der Methode hat Auswirkungen auf den weiteren Beratungsprozess. Die Methode soll Kreativität und Abwechslung in die nachfolgenden Beratungsphasen bringen. Ihre Wahl wird im Dialog zwischen Fallerzähler*in, Moderator*in und den Berater*innen entschieden. Kriterien für die Methodenwahl können z. B. sein:

- Ist die Methode zur Beantwortung der Fragestellung geeignet?
- Welche Methode hat für die fallerzählende Person Priorität?
- Welche Methode würden die moderierende Person und die Berater*innen wählen und warum?

Oftmals eignen sich mehrere Methoden zur Beantwortung der Schlüsselfrage. Der/die Moderator*in sammelt die Vorschläge für die Methodenwahl. Die Entscheidung über die Methode ist der fallerzählenden Person vorbehalten (Tietze, 2015).

Phase 5: Die Beratung

Der/die Moderator*in teilt den Berater*innen die Fragestellung und gewählte Methode mit. In dieser Phase bringen die Berater*innen aktiv ihre Erfahrungen, Einstellungen und Ideen ein. Die fallerzählende Person hört zu, bringt sich aber nicht aktiv in die Diskussion ein. Der/die Sekretär*in notiert Ideen und Lösungsvorschläge. Die Berater*innen sind angehalten, das Anliegen der fallerzählenden Person respektvoll zu behandeln. Keinesfalls dürfen Vorwürfe oder Fehler der fallerzählenden Person bis zum Vorbringen des Problems diskutiert werden (Tietze, 2015).

Phase 6: Abschluss

In der Abschlussphase gibt die fallerzählende Person Feedback über die Beratung und bezieht Stellung zu den Beiträgen der Berater*innen. Gegebenenfalls gibt sie Rückmeldung, welche Beiträge hilfreich waren und welche Maßnahmen umgesetzt werden, aber auch über die ersten Schritte bei der Problembearbeitung. Wenn für die fallerzählende Person kein Vorschlag aus der Beratung zur Lösungsentwicklung nützlich ist, wird diese Entscheidung akzeptiert. Eine kurze Reflexion aller Beteiligten sollte die Sitzung beenden (Tietze, 2015).

9.3.6 Methoden der kollegialen Beratung

Die folgenden Methoden eignen sich für den Einsatz in der Gruppe im Prozess der kollegialen Beratung. Die nachfolgende Tabelle bietet eine schematische Übersicht über die Beratungsmethoden, die anschließend beschrieben werden. Es werden das Ziel und der Fokus der Methoden in der kollegialen Beratung übersichtlich dargestellt. Als Hilfestellung wird bei jeder Methode auch eine Leitfrage formuliert.

Methode	Ziel	Beratungsfokus	Leitfrage
Brainstorming	Lösungsideen sammeln	*lösungsorientiert*	Was könnte man in dieser Situation tun?
Kopfstand-Brainstorming	Ideen in die Gegenrichtung der Schlüsselfrage produzieren	*lösungsorientiert*	Wie könnte der/die Fallerzähler*in die Situation verschlimmern?
Ein erster kleiner Schritt	den Anfang für einen Lösungsweg finden	*lösungsorientiert und strukturiert*	Was könnte der nächste kleine Schritt für den/die Fallerzähler*in sein?
Gute Ratschläge	Empfehlungen für den weiteren Lösungsweg zusammentragen	*lösungsorientiert*	Welche Ratschläge habe ich für den/die Fallerzähler*in?
Resonanzgruppe	Feedback in Bezug auf die Spontanerzählung	*anteilnehmend*	Welche inneren Reaktionen löst die Fallerzählung bei mir aus?

Methode	Ziel	Beratungsfokus	Leitfrage
Sharing	Bezug zu eigenen ähnlichen Erlebnissen herstellen	*anteilnehmend*	An welche eigene Erfahrung erinnert mich die Falldarstellung?
Schlüsselfrage (er-) finden	Schlüsselfrage für den/die Fallerzähler*in finden	*strukturierend und die Perspektive verändernd*	Was könnte die Schlüsselfrage der fallerzählenden Person (noch) sein?
Zwei wichtige Informationen	die Informationen der Fallschilderung neu gewichten	*strukturierend*	Was sind für mich die beiden wichtigsten Informationen?
Kurze Kommentare	Stellungnahme zum Geschehen abgeben	*anteilnehmend und lösungsorientiert*	Was ist mir am Inhalt oder an der Art der Fallerzählung aufgefallen?
Erfolgsmeldung	Faktoren beschreiben, die zum Erfolg geführt haben	*lösungsorientiert*	Wie hat die fallerzählende Person ihren Erfolg erreicht?

Tabelle 13: Methoden der kollegialen Beratung (Tietze, 2015, S. 117)

Brainstorming

Diese Methode wird angewendet, wenn möglichst viele Ideen für den/die Fallerzähler*in gesammelt werden sollen. Die Leitfrage dazu lautet „Was könnte man in dieser Situation tun?".

Bei dieser Methode werden alle Ideen aufgegriffen, ganz egal, wie verrückt sie sind. Phrasen wie „Das ist unmöglich" oder „So ein Unsinn" sind bei dieser Methode nicht erwünscht. Jede Idee ist willkommen und Kritik ist unzulässig. Beim Brainstorming können auch vage Ideen und grobe Skizzen vorgebracht werden, es müssen keine fertigen Lösungspläne entstehen (Tietze, 2015).

Die Gefahr beim Brainstorming ist, dass die einzelnen Beiträge diskutiert und bewertet werden und die Ideensammlung dadurch ins Stocken gerät.

Kopfstand-Brainstorming

Das Kopfstand-Brainstorming, auch paradoxes Brainstorming genannt, hat zum Ziel, Ideen in die Gegenrichtung der Schlüsselfrage zu sammeln. Die Leitfrage dazu lautet „Was sollte man in dieser Situation nicht tun?" oder „Wie kann die Situation gezielt verschlimmert werden?". Mit dieser paradoxen Vorgehensweise will man sich von eingefahrenen Mustern distanzieren, Denkblockaden lösen und die Situation aus einem neuen Blickwinkel betrachten. Dadurch soll der Horizont in der Entwicklung von Lösungsvorschlägen erweitert werden.

Praxisbeispiel – Kopfstand-Brainstorming

In der kollegialen Beratung zum Schlüsselthema problematisches Verhältnis zum Vorgesetzten könnte die Frage lauten: „Wie kann ich mein problematisches Verhältnis zu meinem Vorgesetzten noch weiter verschlechtern?" (Tietze, 2015)

Bei der Umformulierung der Schlüsselfrage wird das Wort „nicht" eingefügt oder die Frage so verändert, dass dabei eine Verschlechterung der Sache im Fokus steht. Die Berater*innen sammeln Ideen, die wiederum ins Gegenteil verkehrt werden, um auf diese Weise Vorschläge für die Schlüsselfrage in die kollegiale Beratung zu bringen.

Wichtiger Hinweis: Durch die ins Gegenteil verkehrte Fragestellung kann die Situation in Albernheit umschlagen und der Ernst der Beratung verloren gehen (Tietze, 2015).

Ein erster kleiner Schritt

Diese Methode eignet sich gut für Probleme, die vom Erleben der Vergangenheit beeinflusst werden, aber auch für komplexe, unübersichtliche Situationen, wenn nicht klar ist, wie man an die Problemlösung herangehen soll. Die Leitfrage lautet „Was könnte der erste Schritt zur Problemlösung sein?".

Die Berater*innen beziehen sich hauptsächlich auf den ersten Schritt in der Beratung. Formulierungen wie „Der erste Schritt könnte sein …" können dabei Hilfestellung geben. Die Berater*innen sind nicht gefordert, eine komplette Lösung zu bieten, sondern erste Schritte in der Lösungsbearbeitung aufzuzeigen.

Wichtiger Hinweis: Bei dieser Methode besteht die Gefahr, dass komplette Problemlösungen erarbeitet werden. Deshalb ist es Aufgabe der moderierenden Person, die Gruppe darauf hinzuweisen, dass es nur um Anstöße für die ersten Schritte in der Problemlösung geht (Tietze, 2015).

Gute Ratschläge

Bei dieser Methode geht es darum, konkrete Ratschläge, Tipps und Empfehlungen zu erarbeiten. Die Leitfrage lautet „Welche Ratschläge habe ich für den/die Fallerzähler*in?". Normalerweise sind Ratschläge in der Beratung verpönt, weil sie die Handlungsfreiheit der betroffenen Personen einschränken. Anders verhält es sich, wenn der/die Fallerzähler*in sich für diese Methode entscheidet. Die erarbeiteten Ratschläge erheben keinen Anspruch auf Vollständigkeit, sondern sollen lediglich als Anregung für die Problembearbeitung dienen; dessen sollte sich die fallerzählende Person auch bewusst sein (Tietze, 2015).

Wichtiger Hinweis: Bei dieser Methode besteht die Gefahr, dass die Ratschläge eins zu eins umgesetzt werden und nicht, wie in der kollegialen Beratung erwünscht, dem/der Fallerzähler*in zu Selbstverantwortung verhelfen (Tietze, 2015).

Resonanzrunde
Diese Methode findet Anwendung, wenn die Teilnehmer*innen von der Fallerzählung emotional ergriffen sind bzw. ihre Anteilnahme gefragt ist. Die Leitfrage lautet „Was löst die Fallerzählung bei mir an Emotionen, Reaktionen und Gedanken aus? Was habe ich wahrgenommen?“.

Hier steht nicht die Erarbeitung von Lösungsvorschlägen im Vordergrund, sondern vielmehr die Anteilnahme an der geschilderten Situation. Die Berater*innen bringen ihre inneren Bilder, Emotionen und Stimmungen ein. Die fallerzählende Person soll damit Klarheit über die wahrgenommene Problemsituation erlangen. Ihr soll dadurch die Verarbeitung der aufgetretenen Gefühle erleichtert werden, wodurch sie die Fähigkeit zur Handlung wiedererlangen kann (Tietze, 2015).

Wichtiger Hinweis: In der Resonanzgruppe geht es vor allem um das Einfühlungsvermögen gegenüber der fallerzählenden Person und ihrer Situation, weniger um sachliche Informationen. Deshalb sollten bei dieser Methode Lösungsvorschläge und Ratschläge vermieden werden (Tietze, 2015).

Sharing: Als es mir einmal ähnlich ergangen ist …
Diese Methode wird angewendet, wenn sich der/die Fallerzähler*in in einer unangenehmen oder peinlichen Situation befindet bzw. die Anteilnahme der Berater *innen wünscht.

Die Leitfrage lautet „An welche eigenen Erfahrungen erinnert mich die Fallerzählung?“ (Tietze, 2015). Beim Sharing geht es vor allem um das in ähnlichen Situationen Erlebte und Gefühlte. Diese Erfahrungen werden geteilt. Der/die Fallerzähler*in erfährt Entlastung durch die Erzählungen der Berater*innen, denen es in gewissen Situationen ähnlich ergangen ist.

Wichtiger Hinweis: Es geht nicht darum, den/die Fallerzähler*in zu belehren, wie etwas besser gemacht wird, vielmehr sollten die Berater*innen ihre eigenen Erfahrungen in einer ähnlichen Situation darlegen (Tietze, 2015).

Eine Schlüsselfrage (er-)finden

Diese Methode wird gewählt, wenn der/die Fallerzähler*in Schwierigkeiten hat, eine passende Schlüsselfrage zu finden bzw. wenn den Berater*innen die Schlüsselfrage der erzählenden Person unpassend erscheint. Die Leitfrage lautet„Wie könnte die Schlüsselfrage noch lauten?" (Tietze, 2015).

Wenn es der fallerzählenden Person z. B. aufgrund einer komplexen Problemlage schwerfällt, eine eindeutige Schlüsselfrage zu formulieren, bittet sie die Berater*innen, eine neue Schlüsselfrage zu finden. In manchen Situationen bietet sich durch die Veränderung der Schlüsselfrage bereits ein lösungsorientierter Perspektivenwechsel. Die alternativen Schlüsselfragen werden dann von der fallerzählenden Person geprüft. Beim Erfinden einer neuen Schlüsselfrage versetzen sich die Berater*innen in die Situation der fallerzählenden Person. Formulierungen wie „Aus meiner Sicht wäre die Schlüsselfrage …" können hilfreich sein. Die Berater*innen sammeln mehrere Schlüsselfragen. Der/die Fallerzähler*in erhält von ihnen dadurch eine Rückmeldung über seine/ihre Situation und Hinweise für eine alternative Betrachtungsweise des Problems. Die neuen Schlüsselfragen können von der fallerzählenden Person kommentiert werden (z. B. mit „warm" oder „kalt"), sie können aber auch kommentarlos im Raum stehen bleiben.

Wichtiger Hinweis: Bei mehreren Schlüsselfragen kann der/die Fallerzähler*in diese auch in eine Rangordnung bringen, was für die Klärung des Problems im weiteren Prozessverlauf hilfreich sein kann (Tietze, 2015).

Zwei wichtige Informationen

Diese Methode wird angewendet, wenn die Situation für den/die Fallerzähler*in unstrukturiert und nicht überschaubar ist oder die Struktur der Situation verändert werden soll, um diese aus einem anderen Blickwinkel zu betrachten (Tietze, 2015). Die Leitfrage lautet „Was sind die zwei wichtigsten Informationen für den/die Fallerzähler*in in Bezug auf diese Schlüsselfrage?".

In komplexen Situationen ist es wichtig, Struktur und Ordnung in das Problem oder Anliegen zu bringen. Mithilfe dieser Methode erhält der/die Fallerzähler*in zwei wichtige Informationen aus der Sicht der Berater*innen. Dadurch wird die Problemdarstellung neu bewertet. Die zwei Informationen können von den Berater*innen auch in Verbindung gesetzt werden. Sie wählen zwei Informationen aus und begründen kurz ihre Wahl. Dadurch soll die Situation der fallerzählenden Person eine neue Bewertung erhalten; gleichzeitig erhält sie dadurch Anregungen zur Problembearbeitung.

Wichtiger Hinweis: Die Berater*innen erarbeiten bei dieser Methode keine konkreten Lösungsvorschläge, sondern beschränken sich auf das Hervorheben von zwei Informationen (Tietze, 2015).

Kurze Kommentare

Diese Methode kommt zum Einsatz, wenn die fallerzählende Person eine Stellungnahme von den Berater*innen anstrebt, die unter verschiedenen Blickwinkeln erfolgen soll. Die Leitfrage lautet „Was war an der Fallerzählung auffallend?".

Bei dieser Methode äußern die Berater*innen Anregungen, Vorschläge und Gedanken in Form von Statements. Sie sollen möglichst viele und unterschiedliche Kommentare sammeln, damit der/die Fallerzähler*in eine breite Auswahl an Anmerkungen erhält. Bei dieser Vorgehensweise haben die Berater*innen sehr viele Freiheiten; dennoch sollte darauf geachtet werden, dass nur wertschätzende und rücksichtsvolle Statements abgegeben werden. Die Berater*innen nennen Zusammenhänge, Unklarheiten, Anregungen, Fantasien, Merkwürdigkeiten und Stichworte in Zusammenhang mit der Fallerzählung (Tietze, 2015).

Praxisbeispiel: Kurze Kommentare

Bei einer kollegialen Beratung, bei der die Schlüsselfrage „Wie kann ich Meetings in Zukunft erfolgreicher gestalten?“ bearbeitet wurde, konnten in der methodischen Behandlung folgende Kommentare der Berater*innen festgehalten werden: „Ich frage mich, welches Ziel mit dem Auftrag verfolgt wird.“, „Welche Nachteile würde eine Verbesserung der Situation wohl mit sich führen?“, „Ich glaube, mit einer besseren Vorbereitung steigt die Motivation.“.

9.3.7 Der Unterschied zu Coaching und Supervision

Beim Coaching und bei der Supervision wird unter Anleitung eines Coaches oder Supervisors an Lösungsmöglichkeiten für ein Problem der Teilnehmer*innen gearbeitet. Um als Coach oder Supervisor*in tätig sein zu können, ist die Absolvierung einer entsprechenden Aus- bzw. Weiterbildung notwendig. Die kollegiale Beratung beinhaltet ähnliche Ansätze wie Coaching oder Supervision, jedoch findet diese Form der Beratung ohne speziell ausgebildete Fachpersonen statt. Professionelle Beratung kann durch eine kollegiale Beratung nicht ersetzt, wohl aber ergänzt werden (Tietze, 2015).

Supervision bietet die Möglichkeit, sich über Probleme, Belastungen, Erfolge und Fortschritte im Beruf auszutauschen. Mithilfe der Supervision sollen Lösungen für komplexe Situationen entwickelt werden, gleichzeitig soll Kommunikation gefördert werden, wobei im pflegerischen Setting häufig auch eine Teamsupervision zur Anwendung kommt. Die Supervision kann beispielsweise zur Anwendung kommen (Hausmann, 2014):

- zur Reflexion der Tätigkeit mit Patient*innen,
- zur Klärung von Rollen, Aufgaben und Funktionen der Beteiligten,

- zur Reflexion von Stressoren und unterschiedlichen beruflichen Anforderungen,
- um Belastungen und berufliche Konflikte zu thematisieren,
- zur Entwicklung von Kompetenzen und Lösungsansätzen sowie
- zur Formulierung von Zielen und zur Koordination.

Supervision in der Pflege wird häufig angewendet, um Probleme, Fragen oder Fälle zu thematisieren und gleichzeitig für die berufliche Praxis zu lernen und sich weiterzuentwickeln. Der/die Supervisor*in hat dabei eine beratende Funktion und bietet Hilfe zur Selbsthilfe, indem Möglichkeiten aufgezeigt werden, berufliche Fähigkeiten und Fertigkeiten aktiviert, weiterentwickelt und effizient eingesetzt werden (Hausmann, 2014).

Im Gegensatz zur Supervision handelt es sich beim **Coaching** um eine spezielle Form der Beratung. Dabei steht das Potenzial der Klient*innen im Vordergrund, wobei sowohl berufliche als auch persönliche Themen bearbeitet werden können. Ein Coaching wird zur Lösung von Problemen oder zur Entscheidungsfindung eingesetzt. Anhand eines lösungsorientierten Dialoges werden Perspektiven entwickelt oder neue Handlungsmöglichkeiten gefördert. Ein Coaching bietet Unterstützung, um Potenziale zu erkennen und erste Schritte zu einer Veränderung einzuleiten (Hausmann, 2014).

9.4 Fallbesprechung

Pflegesituationen sind in der heutigen Praxis oft sehr komplex. Das Zusammenspiel verschiedener Faktoren kann dazu führen, dass eine Situation schwer zu überblicken ist (Schrems, 2019). Pflegerisches Handeln wird in diesen Situationen durch die Einstellungen, Beweggründe und Interessen der beteiligten Personen, die Situation selbst und die kontextuellen Bedingungen – beispielsweise die Station in einem Krankenhaus – bestimmt. Die Institution spielt bei der Handlungsvielfalt von Pflegepersonen eine wesentliche Rolle, da sie den personellen, wirtschaftlichen und rechtlichen Rahmen bildet, in dem Handlungen möglich, aber auch erschwert, behindert oder unmöglich werden (Hundenborn, 2007).

Laut Schrems (2019) ist das erste Merkmal eines Falls in der Pflege, dass eine komplexe Situation von einer Person, die dieser Situation eine Bedeutung zuschreibt, in die Form einer Beschreibung oder Erzählung gebracht wird. Als zweites Merkmal gilt, dass nicht die Situation selbst als Fall bezeichnet wird, sondern die Beschreibung der Situation, die das Problem aus der Sicht der bedeutungszuschreiben Person beinhaltet. So wie man eine Situation beschreiben kann, kann man sie durch Testung oder Diskussion auch deuten oder Lösungsmöglichkeiten für sie entwickeln.

Merkmale eines Falls in der Pflege

- Bedeutungszuschreibung durch eine Person
- Zusammenwirken mehrerer Faktoren in einer Situation, in der ein Klärungsbedarf besteht (Komplexität)
- beschreibbare Situation in Form einer Erzählung

(Schrems, 2019)

Die weiteren Handlungen der Personen in komplexen Situationen sind davon abhängig, wie diese Situationen gedeutet werden. In die Deutung der Situation fließen neben objektiven Situationsfaktoren oder -bedingungen auch subjektive Wahrnehmungen, Zuschreibungen und Empfindungen ein (Hundenborn, 2007). Die Fallarbeit bietet die Möglichkeit, unter den beteiligten Personen zu diskutieren und abzustimmen, was die passende Lösung für die Situation sein könnte. Entscheidungen, die in einer Fallbesprechung getroffen werden, führen zu einer Absicherung im Behandlungsteam. Entscheidungen werden nicht allein getroffen und ermöglichen anderen an der Situation beteiligten Personen, die Entscheidungsfindung nachzuvollziehen (Schrems, 2019). Um eine komplexe Situation in ihrer Ganzheitlichkeit erfassen zu können, benötigt man eine umfassende Informationssammlung. Dafür können unterschiedliche Instrumente, die im Allgemeinen in den jeweiligen Bereichen ohnedies standardisiert zum Einsatz gelangen, von großem Nutzen sein. Die Zusammenführung und Beurteilung der Informationen setzt Folgendes voraus:

- wissenschaftlich fundiertes Wissen (fachliche Handlungskompetenz);
- organisationsbezogenes Wissen (Handlungsfähigkeit);
- individuums- und situationsbezogenes Wissen (Handlung in Abstimmung mit der Lebenswelt der Betroffenen).

Durch Beurteilung und kritisches Hinterfragen des durch die Zusammenführung von Informationen entstandenen Bildes wird die Situation durch kritisches Denken analysiert. Die Schlussfolgerung daraus ist eine Lösung, die möglicherweise auch in anderen Situationen Gültigkeit hat (Schrems, 2019).

Praxisbeispiel

Eine 24-jährige Patientin wurde an der Station aufgenommen. Sie leidet seit ihrer Geburt an cystischer Fibrose und wird von ihrer Mutter gepflegt. Ihr Vater hat die Familie verlassen, als die Patientin acht Jahre alt war. Seither lebt sie mit ihrer Mutter allein in einer Wohnung. Aufgrund der Krankheitsprogression war es der Patientin nicht möglich, den Kindergarten oder die Schule zu besuchen; sie konnte auch keinen Beruf erlernen. Dies führte dazu, dass die Patientin in einem Abhängigkeitsverhältnis zu ihrer Mutter stand. Auf der Station versuchten die Pflegepersonen, die Bedürfnisse der Patientin in den

Fokus der Betreuung zu stellen, was nicht immer mit den Vorstellungen der Angehörigen zusammenpasste. Dies führte zu erheblichen Unstimmigkeiten zwischen den Pflegenden und den Angehörigen. Eine multidisziplinäre Fallbesprechung wurde geplant, um die Situation aus unterschiedlichen Perspektiven zu betrachten und eine für alle beteiligten Personen stimmige Betreuungsform zu finden.

In der Pflegepraxis werden ähnliche Situationen von Teams in unterschiedlichen Settings aufgegriffen und im Rahmen einer Fallbesprechung bearbeitet. Die Fallbesprechung wird immer häufiger eingesetzt und stellt eine praktikable Methode zur Analyse und Entscheidungsfindung dar.

9.4.1 Durchführung einer Fallbesprechung

Im Folgenden wird die Vorgehensweise bei einer Fallbesprechung erläutert. Die Aufgaben der beteiligten Personen sind in der nachfolgenden Tabelle angeführt.

Aufgaben im Rahmen einer Fallbesprechung	
Falleinbringende Person	**Moderator*in**
• umfassende und nachvollziehbare Falldarstellung • Darstellung aller wichtigen Aspekte • Beantwortung der Fragen der beteiligten Personen	• Einleitung der Fallbesprechung • Zeitmanagement • Beteiligung aller Personen • Festlegung von Kommunikationsregeln • Visualisierung der Inhalte und Ergebnisse • Einholen von Feedback • Strukturierung der Besprechung • Zusammenfassung • Formulierung des Ergebnisses

Tabelle 14: Rollen in der Fallbesprechung (Schrems, 2016), modifiziert durch Hacker, Slobodenka & Titzer

Die Fallbesprechung gliedert sich in einen dreiphasigen Ablauf, welcher in Abbildung 14 dargestellt und beschrieben wird.

1. Schritt Fallschilderung und Nachfragen	• Situationsbeschreibung • Teilnehmer*innen stellen Fragen zum Verständnis • Erfassung der Problem- und Entscheidungssituation durch unterschiedliche Sichtweisen • Formulierung von Kernthemen
2. Schritt Fallbearbeitung	• Bearbeitung des Kernthemas • Interpretation vor dem Hintergrund von: - allgemeinem Wissen - Erfahrungen - Modellen - Konzepten - Evidenzen • Betrachtung aus unterschiedlichen Perspektiven • Kontextbefreiung • Entwicklung einer Problemdefinition • Herausarbeiten von Handlungsoptionen
3. Schritt Fallauswertung	• Beantwortung der Frage • Zusammenführung der Erkenntnisse • Entwicklung einer Lösung • Bezeichnung des Phänomens • Formulierung einer Pflegediagnose

Abbildung 14: Schritte der Fallbesprechung (Schrems, 2016), modifiziert durch Hacker, Slobodenka & Titzer

Von besonderer Bedeutung ist die Dokumentation der Ergebnisse einer Fallbesprechung. Sollen die Maßnahmen, die aus einer Fallbesprechung abgeleitet werden, nach einer festgelegten Zeit evaluiert werden, müssen sie **für alle beteiligten Personen** nachvollziehbar sein. Dies kann in Form von Protokollen, Arbeitsblättern, Transkripten oder Ähnlichem erfolgen. Ebenso kann die Pflegedokumentation als eine Form der Ergebnisdarstellung genutzt werden (Schrems, 2019).

9.4.2 Rahmenbedingungen einer Fallbesprechung

Die Durchführung einer Fallbesprechung macht es erforderlich, auf die Rahmenbedingungen des jeweiligen Settings zu achten. Personalressourcen und ein entsprechender Zeitrahmen sind notwendig, um eine Fallbesprechung erfolgreich durchzuführen. Ebenso muss man auf wichtige Zeitpunkte im Tagesverlauf Rücksicht nehmen. Der Zeitpunkt für die Besprechung soll so gewählt werden, dass das Team für ca. 45 bis 60 Minuten ungestört ist. Des Weiteren erfordert die Durchführung einer Fallbesprechung unterschiedliche Kompetenzen, die in einem Wechselspiel zueinander stehen. In Tabelle 15 werden die Kompetenzen gegenübergestellt (Schrems, 2019).

Diesen Kompetenzen sind die allgemeinen ethischen Prinzipien der Pflege anzuschließen, wobei im Zusammenhang mit der Fallarbeit die Advokatenfunktion besonders im Vordergrund steht. Die Sicherung der Autonomie, das Handeln im Namen von Betroffenen und das Eintreten für soziale Gerechtigkeit in der Bereitstellung der Gesundheitsversorgung sind dabei als zentral zu erachten. Dies setzt Wissen über die Grundrechte von Patient*innen, über deren Bedürfnisse und Werte sowie eine vertrauensvolle Beziehung voraus (Schrems, 2019).

Kompetenz	Bedeutung
Klinische Kompetenz	Setzt sich aus theoretischem Begründungswissen und hermeneutischem Fallverstehen zusammen. Die Entscheidungsfindung ist hierbei zentral und besteht aus den Merkmalen der Wahlmöglichkeit und der Unsicherheit.
Handlungskompetenz	Beeinflusst Entscheidungen durch die Fähigkeit, zwischen der Komplexität der zu erledigenden Aufgabe und den Emotionen, Störfaktoren und Regeln der Institution zu unterscheiden.
Persönliche Kompetenz	Im Fokus steht hier die Sinnzuschreibung durch die Einordnung des erlebten Phänomens in einen größeren Erfahrungs- bzw. Erkenntniszusammenhang. Notwendig sind hierfür analytische Distanz und subjektive Betroffenheit, um fachlich und angemessen entscheiden und handeln zu können.
Ethisch-moralische Kompetenz	Es geht um die stellvertretende Deutung, darum, für andere zu entscheiden, zu urteilen oder zu handeln. Dies ist beeinflusst durch das Irren, durch Wissen über das Erleben, durch Ursache-Wirkungs-Zusammenhänge, die Unmittelbarkeit der Dienstleistung und die Erfordernisse des Augenblicks.

Tabelle 15: Kompetenzen zur Durchführung (Schrems, 2016), modifiziert durch Hacker, Slobodenka & Titzer

Literaturverzeichnis

Abt-Zegelin, A. (2006a). Mikroschulungen. *Die Schwester/Der Pfleger*, 45 (1), 62–65.

Abt-Zegelin, A. (2006b). Patienten- und Familienedukation in der Pflege. *Österreichische Pflegezeitschrift*, 06 (01), 16–21.

Abt-Zegelin, A. (2007). Edukative Unterstützung im Krankenhaus. *Die Schwester/Der Pfleger*, 46 (12), 1135–1138.

Abt-Zegelin, A. (2009). Gespräche sind Pflegehandlungen. *Die Schwester/Der Pfleger*, 48 (4), 221–224.

Abt-Zegelin, A. (2015). Alltag leben trotz Krankheit – Pflegerische Unterstützung umfasst Informieren, Beraten und Schulen. In: S. Segmüller (Hg.). *Beraten, Informieren und Schulen in der Pflege*. Frankfurt am Main: Mabuse.

Allwicher, V. (2009). Beratung als professionelles Handlungsfeld in der Pflege. *Intensiv*, 17 (4), 183–191.

Antonovsky, A. (1997). *Salutogenese. Zur Entmystifizierung der Gesundheit*. Tübingen: Deutsche Gesellschaft für Verhaltenstherapie.

Antonovsky, A. (1998). Vertrauen, das gesund erhält. Warum manche Menschen dem Streß trotzen. *Psychologie Heute*, 02, 51–57.

Bamberger, G. G. (2010). *Lösungsorientierte Beratung* (4., vollständig überarbeitete Auflage). Weinheim, Basel: Beltz.

Bamberger, G. G. (2015). *Lösungsorientierte Beratung* (5., überarbeitete Auflage). Weinheim, Basel: Beltz.

Bartholomeyczik, S. (2006). Prävention und Gesundheitsförderung als Konzepte der Pflege. *Pflege & Gesellschaft*, 11 (3), 210–223.

Bauer, J. (2008). *Das Prinzip der Menschlichkeit*. München: Wilhelm Heyne.

Beck, J. (2013). *Praxis der Kognitiven Verhaltenstherapie*. Basel: Beltz.

Benner, B. (2005). *Allgemeine Pädagogik. Eine systematisch-problemgeschichtliche Einführung in die Grundstruktur pädagogischen Denkens und Handelns*. Weinheim, München: Juventa.

Beushausen, J. (2016). *Beratung lernen*. Regensburg: Budrich.

Bischof, K., Bischof, A. & Müller, H. (2012). *Selbstmanagement*. Freiburg: Haufe.

Blättner, B. (2005). Lernen: Erklärungsprinzip eines Beobachters. In: K. Schneider, E. Brinker-Meyendriesch & A. Schneider (Hg.). *Pflegepädagogik*. Heidelberg: Springer, 170–192.

Böhm, W. (2005). *Wörterbuch der Pädagogik*. Stuttgart: Kröner.

Brieskorn-Zinke, M. (2000). Salutogenese in der Pflege – zur Integration des Konzepts in pflegerische Handlungsfelder. In: H. Wydler, P. Kolip & T. Abel (Hg.). *Salutogenese und Kohärenzgefühl. Grundlagen Empirie und Praxis eines gesundheitswissenschaftlichen Konzepts*. Weinheim, München: Juventa, 173–184.

Büker, C. (2015). *Pflegende Angehörige stärken. Information, Schulung und Beratung als Aufgaben der professionellen Pflege* (2., überarbeitete Auflage). Stuttgart: Kohlhammer.

Bundeskanzleramt Rechtsinformationssystem (RIS) (2017). *Gesundheits- und Krankenpflegegesetz § 12 (5)*. Verfügbar unter: https://www.ris.bka.gv.at/GeltendeFassung.wxe?Abfrage=Bundesnormen&Gesetzesnummer=10011026 [08.02.2017].

Bundesministerium für Gesundheit (BMG) (2012). *Health Literacy – Gesundheitskompetenz der Bevölkerung stärken. Wissenschaftlicher Ergebnisbericht*. Wien: Gesundheit Österreich GmbH.

Culley, S. (2015). *Beratung als Prozeß. Lehrbuch kommunikativer Fertigkeiten* (6. Auflage). Weinheim, Basel: Beltz.

Czirkovits, C., Domittner, B., Geißler, W., Holzer, U., & Knauer, C. (2010). *Bericht zur prä- und postoperativen Patienteninformation*. Verfügbar unter: www.sozialministerium.at: file:///C:/Users/Slobodenka/Downloads/bericht_zur_prae-_und_postoperativen_patienteninformation_und_-aufklaerung.pdf [01.11.2020].

Darmann-Finck, I. (2011). Pflegedidaktisch relevante Forschung: Stand und Notwendigkeiten. In: Lernwelten (Hg.). *Didaktik und Bildungsverständnis. Pädagogik in der Pflege- und Therapieausbildung*. Hungen: hpsmedia, 11–27.

Dave, R. H. (1973). Eine Taxonomie pädagogischer Ziele und ihre Beziehung zur Leistungsmessung. In: K. Ingenkamp (Hg.). *Möglichkeiten und Grenzen der Testanwendung in der Schule*. Weinheim: Beltz, 149–161.

De Jong, P. & Berg, I. K. (2003). *Lösungen (er-)finden*. Dortmund: Modernes Lernen.

de Shazer, S. (2012). *Wege der erfolgreichen Kurztherapie*. Stuttgart: Klett-Cotta.

de Shazer, S. & Dolan, Y. (2013). *Mehr als ein Wunder. Lösungsfokussierte Kurztherapie heute*. Heidelberg: Carl Auer.

de Vries, U., Reif, K., Petermann, F. & Görre, S. (2011). *Fatigue individuell bewältigen (FIBS)*. Bern: Huber.

Dengler, K. (2015). Gelebte Beratung im Krankenhaus. Erfahrungen in der Beratung und Begleitung von Angehörigen in der neurologischen Frührehabilitation. *PADUA*, 10 (5), 336–340.

Dowling, M. et al. (2019). Driving and Disabling Factors of Noncurative Oral Chemotherapy Adherence: A Qualitative Evidence Synthesis. *Oncology Nursing Forum*, 46 (1), 16–28.

Eichhorn, S. & Schneider K. (2013). *Skript: Beratung im Kontext Gesundheitssystem*. Hofheim: Eigenverlag.

Engel, F. (2007a). Allgemeine Pädagogik, Erziehungswissenschaft und Beratung. In: F. Engel, F. Nestmann & U. Sickendiek (Hg.). *Das Handbuch der Beratung, Band 1: Disziplinen und Zugänge*. Tübingen: dgvt, 103–114.

Engel, F. (2007b). Beratungsräume und Beratungssettings. In: F. Engel, F. Nestmann & U. Sickendiek (Hg.). *Das Handbuch der Beratung, Band 1: Disziplinen und Zugänge*. Tübingen: dgvt, 487–460.

Engel, R. (2011). *Gesundheitsberatung in der professionellen Gesundheits- und Krankenpflege*. Wien: Facultas.

Ferguson, K. (2018). Care Coordination Standardizes Monitoring for Patients Prescribed Oral Cancer Agents. *Ocology Nursing Society Voice*, 2018.

Frei, I.-A. & Spirig, R. (2009). *Praxisentwicklung in der Pflege*. Hrsg. v. B. McCormack, K. Manley & R. Garbett. Bern: Huber.

Fringer, A., Baldegger, C., Kolbe, N. & Brenner, A. (2012). Expertise für pflegebezogene Edukation erweitern. *PADUA*, 9 (5), 303–306.

Garbett, R. & McCormack, B. (2002). A concept analysis of practice development. *Nursing Times Research*, 7, 87–100.

Großmaß, R. (2007). Beratung zwischen alltäglicher Hilfe und Profession. In: F. Nestmann, F. Engel, U. Sickendiek (Hg.). *Das Handbuch der Beratung, Band 1: Disziplinen und Zugänge*. Tübingen: dgvt, 547–557.

Gudjons, H. (2006). *Pädagogisches Grundwissen*. Bad Heilbrunn: Klinkhardt.

Harking, M. (2005). Beratung in der Pflege – Annäherung an einen für das Handlungsfeld der Pflege spezifischen Zugang. In: K. Schneider, E. Brinker-Meyendriesch & A. Schneider (Hg.). *Pflegepädagogik. Für Studium und Praxis*. Heidelberg: Springer.

Hausmann, C. (2005). *Psychologie und Kommunikation für Pflegeberufe*. Wien: Facultas.

Hausmann, C. (2014). *Kommunikation in der Pflege. Grundlagen für die Praxis*. Wien: Facultas.

Hollstein-Brinkmann, H. & Knab, M. (Hg.) (2016). *Beratung zwischen Tür und Angel. Beiträge zur Professionalisierung von Beratung in offenen Settings*. Wiesbaden: Springer.

Hörner, W., Drinck, B. & Jobst, S. (2008). *Bildung, Erziehung, Sozialisation*. Berlin: Barbara Budrich.

Howell, D., Harth, T., Brown, J., Bennett, C. & Boyko, S. (2017) Self-management education interventions for patients with cancer: a systematic review. *Supportive Care in Cancer*, 25 (4), 1323–1355.

Hummel-Gaatz, S. & Doll, A. (2007). Inhaltliche Darstellung. Anleitung. Bedingungsanalyse. In: A. Warmbrunn (Hg.). *Unterstützung, Beratung und Anleitung in gesundheits- und pflegerelevanten Fragen fachkundig gewährleisten. Themenbereich 3: Analyse und Vorschläge für den Unterricht*. München: Elsevier, 1–124.

Hundenborn, G. (2007). *Fallorientierte Didaktik in der Pflege: Grundlagen und Beispiele für Ausbildung und Prüfung*. Amsterdam: Elsevier.

Hüper, C. & Hellige, B. (2009). *Professionelle Pflegeberatung und Gesundheitsförderung für chronisch Kranke.* Frankfurt am Main: Mabuse.

Iveson, C. (2002). Solution-focused brief therapy. *Advances in Psychiatric Treatment*, 8, 149–156.

Kanfer, F., Reinecker, H. & Schmelzer, D. (2012). *Selbstmanagement-Theorie*. Heidelberg: Springer.

Kapsch, K. (2012). Kollegiale Beratung in der Pflege. *PADUA*, 7 (4), 218–221.

Klemperer, D. (2010). *Sozialmedizin – Public Health. Lehrbuch für Gesundheits- und Sozialberufe*. Bern: Huber.

Koch-Straube, U. (2008). *Beratung in der Pflege*. Bern: Hogrefe.

Kocks, A., Segmüller, T., Zegelin, A., Büker, C., Kapsch, K., Schieron, M., Vollmer, S. (2012). *Kollegiale Beratung in der Pflege*. Duisburg: Deutsche Gesellschaft für Pflegewissenschaft.

Königswieser, R., Sonuc, E., Gebhardt, J. & Hillebrand, M. (2006). *Komplementärberatung. Das Zusammenspiel von Fach- und Prozeß-Know-how.* Stuttgart: Klett-Cotta.

Krathwohl, D., Bloom, B., & Masia, B. (1978). *Taxonomie von Lernzielen im affektiven Bereich.* Weinheim: Beltz.

Kreddig, N. & Karimi, Z. (2013). *Psychologie für Pflege- und Gesundheitsmanagement*. Wiesbaden: Springer.

Kron, F. W. (2009). *Grundwissen Pädagogik* (7., vollständige und überarbeitete Auflage). München: Reinhardt.

Kunze, U. (2007). *Präventivmedizin, Epidemiologie und Sozialmedizin für Human- und Zahnmediziner*. Wien: Facultas.

London, F. (2010). *Informieren, Schulen, Beraten. Praxishandbuch zur pflegebezogenen Patientenedukation.* Bern: Huber.

Luderer, Ch. & Behrens, J. (2005). Aufklärungs- und Informationsgespräche im Krankenhaus. *Pflege*, 18, 15–23.

Mamerow, R. (2016). Praxisanleitung in der Pflege (5. Auflage). Berlin, Heidelberg: Springer.

Mancuso, J. M. (2008). Health literacy: a concept/dimensional analysis. *Nurs Health Sci*, 10 (3), 248–255. doi:10.1111/j.1442-2018.2008.00394.x

Margraf, J. & Schneider, S. (2009). *Lehrbuch der Verhaltenstherapie, Band 1: Grundlagen, Diagnostik, Verfahren, Rahmenbedingungen*. Heidelberg: Springer.

McCormack, B., Manley, K., & Garbett, R. (2009). *Praxisentwicklung in der Pflege.* Bern: Huber.

Michael, T. & Ehlers, A. (2009). Lernpsychologische Grundlagen der kognitiven Verhaltenstherapie. In: J. Margraf & S. Schneider (Hg.). *Lehrbuch der Verhaltenstherapie, Band 1: Grundlagen, Diagnostik, Verfahren, Rahmenbedingungen*. Heidelberg: Springer.

Nestmann, F. (2007). Beratung zwischen alltäglicher Hilfe und Profession. In: F. Nestmann, F. Engel, U. Sickendiek (Hg.). *Das Handbuch der Beratung, Band 1: Disziplinen und Zugänge*. Tübingen: dgvt, 547–557.

Nordkämper, E. (2016). Mobieles PIZ – was ist das denn? *PADUA*, 11 (3), 181–185.

Nutbeam, D. (2000). Health Literacy as a public health goal: a challenge for contemporary health education and communication strategies into the 21st century. *Health Promotion International*, 15 (3), 259–267. doi:10.1093/heapro/15.3.259

Patientencharta (2006). *42. Vereinbarung zur Sicherstellung der Patientenrechte*. Verfügbar unter: https:// www.ris.bka.gv.at/Dokumente/BgblAuth/BGBLA_2006_I_42/BGBLA_2006_I_42.html [04.05.2017].

Raithel, J., Dollinger, B. & Hörmann, G. (2009). *Einführung Pädagogik. Begriffe, Strömungen, Klassiker, Fachrichtungen* (3. Auflage). Wiesbaden: Verlag für Sozialwissenschaften.

Reibnitz, Ch., Sonntag, K. & Strackbein, D. (2017). Beratungssettings. In: Ch. Reibnitz, K. Sonntag & D. Strackbein (Hg.). *Patientenorientierte Beratung in der Pflege. Leitfäden und Fallbeispiele*. Berlin, Heidelberg: Springer, 74–75.

Reusser, K., Pauli, Ch. & Waldis, M. (2010). *Unterrichtsgestaltung und Unterrichtsqualität*. Münster: Waxmann.

Roddewig, M. (2014). *Kollegiale Beratung in der Gesundheits- und Krankenpflege*. Frankfurt am Main: Mabuse.

Roddewig, M. (2016). Kollegiale Beratung in der Gesundheits- und Krankenpflegeausbildung. *PADUA*, 11 (1), 37–44.

Röhrle, B. (2007). Beratung zwischen alltäglicher Hilfe und Profession. In: F. Nestmann, F. Engel, U. Sickendiek (Hg.). *Das Handbuch der Beratung, Band 1: Disziplinen und Zugänge*. Tübingen: dgvt, 511–520.

Schaeffer, D., & Schmidt-Kaehler, S. (2012). *Lehrbuch Patientenberatung*. Bern: Hogrefe.

Schein, E. H. (2010). *Prozessberatung für die Organisation der Zukunft. Der Aufbau einer helfenden Beziehung* (3. Auflage). Berlin: EHP.

Schewior-Popp, S. (2014). *Lernsituationen planen und gestalten. Handlungsorientierter Unterricht im Lernfeldkontext* (2. Auflage). Stuttgart: Thieme.

Schlippe, A. & Schweitzer, J. (2009). *Systemische Interventionen*. Göttingen: Vandenhoeck & Ruprecht.

Schlippe, A. & Schweitzer, J. (2016). *Lehrbuch der systemischen Therapie und Beratung I. Das Grundlagenwissen*. Göttingen: Vandenhoeck & Ruprecht.

Schmid, B., Veith, T. & Weidner, I. (2013). *Einführung in die Kollegiale Beratung* (2., unveränderte Auflage). Heidelberg: Carl Auer.

Schneider, K. (2005). Das Lernfeldkonzept – zwischen theoretischen Erwartungen und praktischen Realisierungsmöglichkeiten. In: K. Schneider, E. Brinker-Meyendriesch & A. Schneider (Hg.). *Pflegepädagogik*. Heidelberg: Springer, 83–113.

Schrader, S. (2010). *Psychologie. Allgemeine Psychologie, Entwicklungspsychologie, Sozialpsychologie*. München: Compact.

Schrems, B. (2016). *Fallarbeit in der Pflege. Grundlagen, Formen und Anwendungsbereiche.* Wien: Facultas.

Schrems, B. (2019). *Fallarbeit in der Pflege*. Wien: Facultas.

Sørensen, K., Van den Broucke, S., Fullam, J., Doyle, G., Pelikan, J., Slonska, Z. et al. (2012). Health literacy and public health: a systematic review and integration of definitions and models. *BMC Public Health*, 12, 80. doi:10.1186/1471-2458-12-80

Sørensen, K., Van den Broucke, S., Pelikan, J. M., Fullam, J., Doyle, G., Slonska, Z. et al. (2013). Measuring health literacy in populations: illuminating the design and development process of the European Health Literacy Survey Questionnaire (HLS-EU-Q). *BMC Public Health*, 13, 948. doi:10.1186/1471-2458-13-948

Sørensen, K., Pelikan, J. M., Rothlin, F., Ganahl, K., Slonska, Z., Doyle, G. et al. (2015). Health literacy in Europe: comparative results of the European health literacy survey (HLS-EU). *Eur J Public Health*, 25 (6), 1053–1058. doi:10.1093/eurpub/ckv043

Spoelstra, S. et al. (2017). Oral Anticancer Agents: An intervention to promote medication adherence and symptom management. *Clinical Journal of Oncology Nursing*, 12 (2), 157–160.

Steckelberg, A. (2014). Kritische Gesundheitsbildung. *PADUA*, 9 (4), 205–209. doi:10.1024/1861-6186/a000194

Thilo, F., Sommerhalder, K. & Hahn, S. (2012). Gesundheitskompetenz – ein Konzept für die professionelle Pflege. *Pflege*, 25 (6), 427–438.

Tietze, K.-O. (2015). *Kollegiale Beratung. Problemlösungen gemeinsam entwickeln* (7. Auflage). Hamburg: Rowohlt.

WHO (2017). *Health Promotion*. Verfügbar unter: http://www.who.int/topics/health_promotion/en/ [30.04.2017].

Wied, S. & Warmbrunn, A. (Hg.) (2012). *Pschyrembel Pflege*. Berlin: De Gruyter.

Winkeljohn, D. (2010). Adherence to Oral Cancer Therapies-Treatment Decision Making. *Clinical Journal of Oncology Nursing*, 14 (4), 461–466.

Wright, L. M. & Leahey, M. (2014). *Familienzentrierte Pflege. Lehrbuch für Familien-Assessment und Intervention* (2. Auflage). Bern: Hans Huber.

Abbildungsverzeichnis

Tabellenverzeichnis